TASCHENBUCH

FÜR

HEIZUNGS-MONTEURE

VON

BAURAT BRUNO SCHRAMM

ACHTE DURCHGESEHENE UND
ERWEITERTE AUFLAGE

MIT 146 TEXTABBILDUNGEN

MÜNCHEN UND BERLIN 1927
DRUCK UND VERLAG R. OLDENBOURG

Vorwort zur ersten Auflage.

Die Heizungsmonteure werden wohl überall mit besonderen Montagevorschriften für die von ihnen auszuführenden Arbeiten versehen, jedoch fehlen bisher allgemeine, sich auf die Gesamtinstallation beziehende Erläuterungen, welche den Monteur mit dem Wesen und der Wirkungsart der verschiedenen Heizungssysteme vertraut machen, und diese Lücke soll durch dieses Werkchen ausgefüllt werden.

Die verschiedenen Heizungssysteme sind für die Praxis leicht verständlich und in ihren für den Monteur wichtigsten Teilen beschrieben und hauptsächlich die für die Installation beachtenswerten Anhaltepunkte behandelt, so daß das Werkchen dem erfahrenen Monteur als ein bequemes Nachschlagebuch dient, dem Anfänger aber Gelegenheit gibt, sich die Fähigkeit zum selbständigen Arbeiten anzueignen.

An alle in der Praxis stehenden Fachleute wird die Bitte gerichtet, dem Verfasser über die sich in dem Werkchen zeigenden Mängel, über gewünschte Erweiterungen und Ergänzungen Mitteilung zu machen, damit bei etwaiger Neuauflage diese Wünsche volle Berücksichtigung finden können.

Erfurt, im Mai 1898.

Bruno Schramm.

Vorwort zur sechsten Auflage.

Die im Jahre 1913 erschienene fünfte Auflage des Taschenbuches ist trotz des Krieges vergriffen und eine Neuauflage erforderlich, ein Beweis für das Bedürfnis des kleinen Werkes, welches nunmehr in seiner sechsten Auflage dem Monteur in leichtverständlicher Weise sagt, »warum« die Vorschriften seines Arbeitgebers und vorgesetzten Ingenieurs gegeben werden, »wie« die übertragenen Arbeiten auszuführen sind. Die Kenntnis des Wesens und der Wirkungsart der Heizungsanlagen, welche der Monteur auszuführen berufen, ist außerordentlich wichtig, denn es ist unvermeidlich, daß in der Praxis Abweichungen von der Arbeitzeichnung vorkommen, welche der Heizungsmonteur selbständig ausführen muß, und daß ihm hierbei keine prinzipiellen Fehler unterlaufen, dafür soll ihm das Taschenbuch den nötigen Aufschluß geben. Auch das in der fünften Auflage eingefügte Kapitel »Die kranke Heizanlage« hat manchen Fingerzeig beim Aufsuchen von Betriebsfehlern gegeben und ist deshalb in der Neuauflage beibehalten.

Allen Fachgenossen, welche mich durch Anregungen und Mitteilungen bisher unterstützt haben, sage ich verbindlichsten Dank.

Möge die sechste Auflage dieselbe freundliche Aufnahme finden wie ihre Vorgängerin, neue Freunde erwerben und ein willkommener Ratgeber für den Praktiker sein.

Erfurt, im Juli 1919.

Bruno Schramm.

Vorwort zur siebenten Auflage.

In schneller Folge machte sich eine Neuauflage des Taschenbuches erforderlich, ein neuer Beweis für das Bedürfnis und für die Beliebtheit des Werkchens. Eingetretene Neuerungen und die mir von Fachgenossen zugegangenen Ratschläge und Verbesserungen, Erweiterungen und Ergänzungen sind soweit als möglich berücksichtigt.

Für die mir zugegangenen Anregungen sage ich besten Dank und hoffe auch für die siebente Auflage eine freundliche Aufnahme.

Erfurt, im Juni 1921.

Bruno Schramm.

Vorwort zur achten Auflage.

Mit seiner neuen Auflage zeigt sich das aus der Praxis
für die Praxis geschriebene Taschenbuch in einer Um-
arbeitung, welche dem neuesten Stande der Heizungstechnik angepaßt ist.

Darauf bedacht, das Stoffgebiet zu erweitern, in
das Wesen der einzelnen Heizungssysteme einzuführen
und Winke für deren Herstellung und Wartung zu
geben, hierdurch das Werkchen zu immer größerer
Vervollkommnung zu bringen, wird die neue Auflage
selbst für alle Besitzer bisheriger Auflagen den Reiz
der Neuheit gewinnen.

Allen verehrten Fachgenossen, welche mir ihre
wertvollen Erfahrungen zur Verfügung stellten, sage
ich für ihre Anregungen meinen verbindlichsten Dank.

Mögen die Erfolge, die das Taschenbuch bisher
erzielt hat, auch der 8. Auflage beschieden sein.

Erfurt, im Februar 1927.

Bruno Schramm.

Inhaltsverzeichnis.

1. Kanalheizung.

Trotzdem die Kanalheizung ihrem Wesen nach nicht unter die Zentralheizungen gehört und ihre Anwendung kaum noch erfolgt, soll ihrer, als der ältesten Heizungsart, doch mit wenigen Worten gedacht werden.

Die Kanalheizung besteht aus einem Feuerherde und aus einem langgestreckten Zuge, durch welchen die Feuergase geleitet werden. In seltenen Fällen wird diese Heizungsart noch für Kirchen sowie für Treibhäuser angewendet. Der Feuerherd wird stets gemauert, aus feuerfesten Steinen hergestellt, am besten natürlich als Schüttfeuerung, um ein öfteres Bedienen zu umgehen. In Fig. 1 ist eine solche Feue-

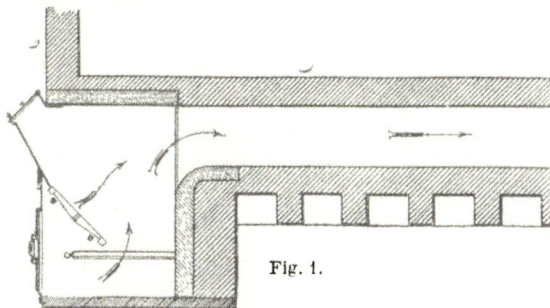

Fig. 1.

rung dargestellt. Der Kanal selbst wird aus Ziegelsteinen gemauert, oder aus Schamotte- oder auch aus Eisenröhren gebildet. Der Querschnitt des Kanals soll stets ¼ der Rostfläche des Feuerherdes betragen. Bei einer Weite von 400 qcm kann man den Kanal bis 30 m Länge ausführen, wobei demselben eine

Steigung von 5 cm für den laufenden Meter zu geben
ist. Der Schornstein soll mindestens eine Höhe von
⅓ bis ¼ der Länge eines Kanals haben. Das geringe
Maß der Schornsteinhöhe darf nur da angenommen
werden, wo der Kanal mit starker Steigung angelegt werden kann.

Bei längeren Heizkanälen ist in der Nähe des
Schornsteins ein Lockkamin anzuordnen, durch
welchen der Schornstein zu Beginn des Heizens erwärmt wird und den nötigen Zug erzeugt. Ein solcher
Lockkamin ist in Fig 2 dargestellt. *F* ist der Schorn-

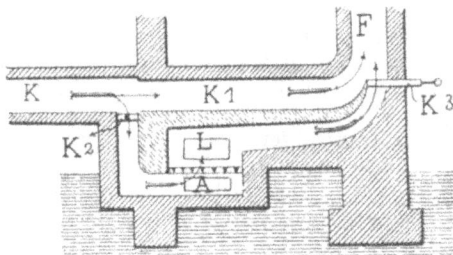

Fig. 2.

stein, *K* der Heizkanal, *L* der Feuerherd des Lockkamines, welcher mit einer dichtschließenden Feuer-
und Aschenraumtür versehen sein muß. In die Kanal-
verbindung *K 2* und *K 3* sind ferner noch Schieber
einzubauen, um jeden schädlichen Gegenzug zu vermeiden.

Die Wirkung des Lockkamines ist nun folgende:
Nachdem beim Anzünden des Feuers die Aschenraumtür *A* geöffnet, Schieber *K 3* geöffnet, *K 2*
dagegen geschlossen war, wird, nachdem das Lockfeuer in Brand, die Aschentür geschlossen und Schieber *K 2* geöffnet, wodurch im Kanal *K* eine Zugwirkung hervorgerufen wird, indem die Luft durch
K 2 gesaugt wird. Sobald der Schornstein genügend
vorgewärmt und das Feuer des Heizofens gehörig

in Brand ist, läßt man das Feuer des Lockofens er-
löschen und die Schieber *K 2* und *K 3* werden geschlossen.

Man rechnet ungefähr bei Kirchen auf zirka
150 cbm zu heizenden Raum 1 qm Kanalheizfläche,
bei Gewächshäusern, die zur Überwinterung von
Pflanzen dienen, sogenannte Orangeriehäuser auf
100 cbm 1 qm Kanalheizfläche, bei Glashäusern,
welche eine Temperatur bis 10° C erhalten sollen,
auf 50 cbm 1 qm und bei Warmhäusern auf 20 cbm
1 qm.

Genauere Berechnung anzugeben wäre nutzlos,
da die Wirkung der Kanalheizung abhängig ist von
der Länge des Kanals, der Steigung, dem Aus-
führungsmaterial usw. Es ist stets ratsam, die Heizfläche reichlich groß zu wählen, wodurch jede Über-
anstrengung vermieden und die Dauerhaftigkeit der
Kanäle erhöht wird.

Der Monteur hat bei Anlagen solcher Art nur
darauf zu achten, daß die Fugen aller Kanäle, welche
oftmals auch aus Eisen- oder Schamotterohr hergestellt werden, gut dicht sind, daß ferner eine solide
Unterstützung der Kanäle angeordnet ist und die
Türen der Feuerherde gutschließend eingebaut werden.

Was in vorstehendem über Kanalheizung gesagt
ist, gilt auch für die Anlage langer Rauchabzugkanäle bei Zentralheizungsfeuerungen. Bei sehr
ungünstigen Verhältnissen wäre oft die Anlage eines
Lockkamines wie beschrieben zu empfehlen.

Durch die Anlage derartiger Lockkamine würden Unglücksfälle durch Rauchgasvergiftung, wie
solche beim Betrieb von Heizanlagen mit langen
Rauchkanälen vorgekommen sind, vermieden, und
ist daher die Ausführung solcher Lockkamine dringend
zu raten.

2. Luftheizung.

Kalorifer-Luftheizung.

Die Luftheizung ist die älteste und billigste aller Zentralheizungen, denn schon während der römischen Kaiserzeit wurde in Bädern die Wärme, welche in besonderen Kammern erzeugt, den Räumen zugeführt. Die Luftheizung war sehr verbreitet, aber wegen vielfach verfehlter Anlagen auch am meisten angefeindet, so daß die Ausführungen seltener geworden sind. Eine sorgfältig angelegte Luftheizung kann aber für bestimmte Zwecke z. B. zur Beheizung von Kirchen, Hallen usw. ebenso vorteilhaft sein wie jede andere Heizungsart.

Die Wirkung der Luftheizung ist folgende:

In einer im Untergeschoß des zu beheizenden Gebäudes befindlichen, von massiven, gut gegen Wärmeverluste geschützten Wänden umschlossenen Heizkammer ist der Wärmeerzeuger (Kalorifer) eingebaut. Durch diesen Kalorifer wird die Luft in der Heizkammer erwärmt (möglichst auf nicht zu hohe Temperatur) und steigt in Kanälen nach den einzelnen zu beheizenden Räumen. Frische Luft wird der Heizkammer durch einen besonderen Kanal in dem unteren Teile zugeführt, auch werden oftmals Umlaufkanäle angeordnet, durch welche die kalte Zimmerluft nach unten geleitet wird, um in der Heizkammer erwärmt zu werden. Diese Art wird Umlauf- (Zirkulations-) Heizung genannt, während die neueren Anlagen stets als Lüftungs- (Ventilations-) Heizungen ausgeführt werden, diese ist auch immer vorzuziehen, sowohl in bezug auf Zuverlässigkeit, als auch in gesundheitlicher Beziehung. In den zu beheizenden Räumen sind stets besondere Kanäle für

die Abführung der verbrauchten Luft angeordnet, die
zwei Öffnungen erhalten, welche durch Verschlußklappen abgestellt werden können. Eine der Öffnungen, in der Nähe des Fußbodens (ungefähr 30 cm
über demselben), dient zur Abführung der Luft im
Winter, die zweite, ungefähr 30 cm unter der Decke
angeordnet, dient zur Ablüftung im Sommer. Beide
Öffnungen münden in einen Kanal, jedoch darf ein
Luftkanal niemals für zwei verschiedene Räume
(auch nicht übereinanderliegende) benutzt werden.
Die Verschlußklappe der oberen Öffnung muß stets
mit einer Stellvorrichtung, Kette oder Stab, versehen
sein. Die Ausströmung der warmen Luft erfolgt
etwas über Kopfhöhe in den Räumen. Es ist notwendig, daß jeder zu beheizende Raum seinen besonderen Warmluftkanal hat, dessen Größe resp.
Querschnitt ebenso wie die Abluftkanäle berechnet
werden, deshalb ist jede Verwechslung der Kanäle
oder eine Querschnittsveränderung zu vermeiden.
In Fig. 3 ist die Anordnung schematisch dargestellt.

Kann nun nach einem zu erwärmenden Raum
der Kanal zur Leitung der warmen Luft nicht in direkt
vertikaler Richtung ausgeführt werden, liegt also der
betreffende Raum etwas von der Heizkammer ab-
seits, so muß der Zuführungskanal in steigender
Richtung von der Heizkammer nach dem senkrechten
Kanale hin verlegt werden. Horizontale, also ohne
Steigung ausgeführte Kanäle sind möglichst gänzlich
zu vermeiden oder nur ganz kurz auszuführen. Sobald die Entfernungen der zu heizenden Räume von
der Heizkammer etwas größer werden (10 bis 12 m
ist die praktisch größte zulässige Entfernung für ge-
neigte, also liegende, ansteigende Kanäle), so ist es
besser, mehrere Heizkammern anzuordnen.

Es ist nun bei der Ausführung der Luftheizungen
vor allen Dingen folgendes zu beachten:

Die Heizfläche des Ofens ist so groß zu wählen,
daß eine hochgradige Erhitzung derselben nicht notwendig wird. Die Trockenheit der Luft wird durch
eine geeignete Wasserverdunstung behoben.

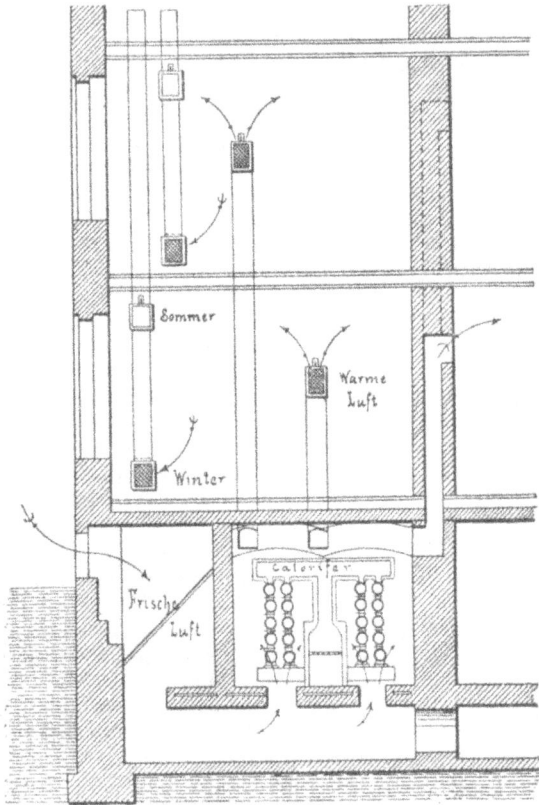

Fig. 3.

Um das Austreten des Rauches oder anderer
schädlicher Heizgase zu vermeiden, müssen sämtliche
Verbindungsstellen dicht schließend und der Röhren-
guß so sorgfältig als möglich hergestellt sein. Der
Ofen sei ferner leicht zu bedienen und leicht vom

Staube zu reinigen. (Beschickung und Ausrußung soll stets außerhalb der Heizkammern erfolgen.) Das Glühen der Eisenflächen wird vermieden durch Ausfüttern des Feuerraumes mit Schamottesteinen und Auskleiden der metallenen Röhren mit demselben Material, wenigstens im ersten Teil des Röhrenzuges. Dadurch fallen alle Unzuträglichkeiten fort, der Verbrennungsprozeß wird regelmäßiger und billiger, die Erwärmung eine gleichmäßigere.

Der Einmauerung des Heizkörpers in die Heizkammer ist ganz besondere Sorgfalt zu widmen, damit alle Verschlüsse dichtschließend hergestellt werden. Die Maurer sind zu zwingen, die Mörtelfugen zwischen den Steinen so dünn als möglich (1 bis 5 mm) auszuführen und auch die Fugen vollständig mit Mörtel auszufüllen, damit keine durchlässigen Kanäle für Staub, Rauch usw. entstehen.

Die Roststäbe der Feuerung sollen etwas Spielraum haben, damit sie sich ungehindert ausdehnen können.

Der Schornstein ist mit einer guten Windkappe zu versehen.

Die Heizkammer muß so groß hergestellt werden, daß sie jederzeit, selbst während des Betriebes der Heizung begangen werden kann und alle Ofenteile (namentlich aber die Verbindungsstellen) auf Rauchsicherheit geprüft werden können. Die Einsteigeöffnung ist daher nicht, wie früher vielfach geschah, zu vermauern, sondern mit doppelter eiserner, möglichst mit Asbest isolierter Türe zu versehen.

Die frische Luft ist von Orten zu entnehmen, wo sie wenig verunreinigt ist (aus Gärten, nicht aus schlecht ventilierten Höfen), und der zu ihrer Leitung bestimmte Kanal ist wasserdicht herzustellen, damit die Luft nicht mit dem Grundwasser, mit dumpfer Bodenluft oder faulenden organischen Substanzen in Berührung kommen kann. Die äußere Einströmungsöffnung der frischen Luft ist, zum Schutz gegen Eindringen von Tieren, Laub usw., mit einem engmaschigen Drahtgitter zu versehen.

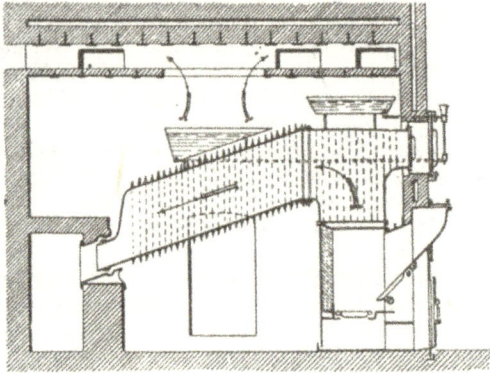

Fig. 4.

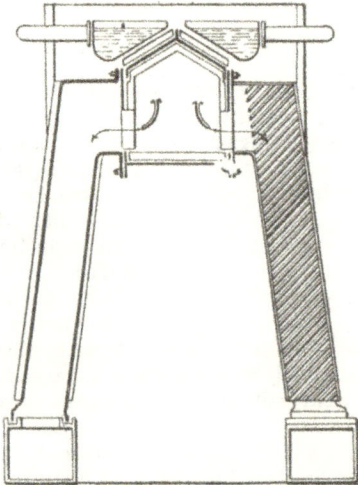

Fig. 5.

Vor dem Eintritt in die Heizkammer muß die
frische Luft stets entweder einen Filter durchströmen,
wo sie gründlich gereinigt wird, oder in einer größeren
Staubkammer bei verringerter Geschwindigkeit die
Unreinigkeiten ablagern können. Beim Montieren
und Einsetzen der Filterflächen ist darauf zu achten,
daß die einzelnen Teile leicht gereinigt werden können
und neben dem Filter keine Luft hindurchströmen
kann. Oft wird die Frischluft der Heizkammer zwangs-

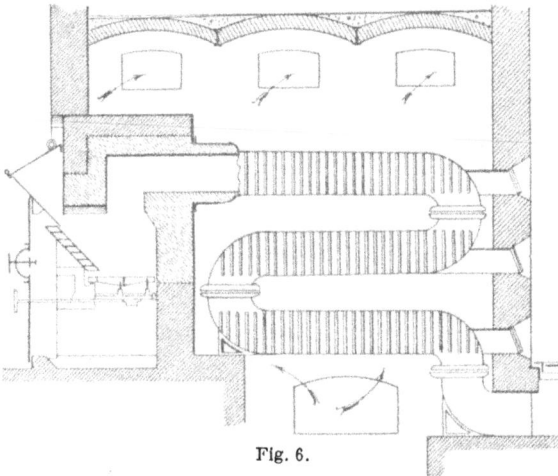

Fig. 6.

läufig mittels eines Ventilators zugeführt, wodurch
die Anlage zuverlässiger arbeitet und Windströmungen
keinen nachteiligen Einfluß auf die Erwärmung einzelner Räume ausüben können.

Die Erwärmung der Luft in der Kammer darf
nur eine mäßige sein (40 bis 50° C), und die Heiz-
kanäle sollen, um bei solcher Temperatur dem Bedürfnis
genügen zu können, ausreichend groß angelegt werden.

Fig. 4 zeigt einen Kalorifer, wie solcher vom
Eisenwerk Kaiserslautern hergestellt wird. Fig. 5
zeigt den Körtingschen Kalorifer. Fig. 6 einen Ka-

lorifer, welcher alle Bedingungen, die an einen guten
Luftheizapparat zu stellen sind, erfüllt und welche
Konstruktion wohl auch jetzt am zahlreichsten aus-
geführt wird.

Über verschiedene Ausführungsformen von Ka-
nalverschlüssen geben die Figuren 7, 8, 9 Aufschluß.

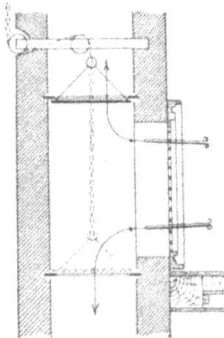
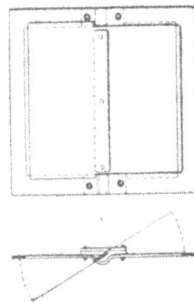

Fig. 7.   Fig. 8.

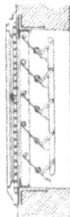

Fig. 9.

Fig. 7 zeigt einen Kanalverschluß für einen Umlauf-
(Zirkulations-)Kanal. Bei der oberen Stellung des
Verschlußtellers wird die abgekühlte Luft nach der
Heizkammer zurückgeleitet, während bei der unteren
Stellung des Verschlußtellers der Umlaufkanal ver-
schlossen ist. Luftheizungen mit Umlauf sollen je-

doch nur bei Beheizung von großen Räumen zur Anwendung kommen und auch hier die Umlaufeinrichtung nur beim Anheizen vor der Benutzung der Räume in Tätigkeit genommen werden. Während der Benutzung soll stets mit zugeführter Frischluft

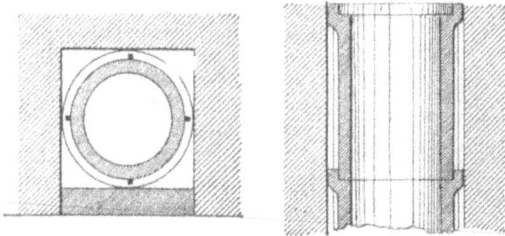

Fig. 10.

geheizt werden. Die anderen Abbildungen stellen Verschlüsse für Abluftkanäle dar. Einige Ausführungsformen von Warmluftkanälen zeigen Fig. 10 und Fig. 11; in Fig. 10 ist der Warmluftkanal durch glasierte Tonröhren gebildet, welche in einen gemauerten Schacht eingesetzt sind. Da Ton ein schlechter Wärmeleiter ist, so ist der Wärmeverlust gering. In Fig. 11 ist der gemauerte Schacht mit Korksteinen zum Schutz gegen Wärmeverluste ausgekleidet und mit glattem Zementputz versehen. Kanäle,

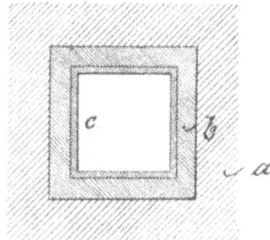

Fig. 11.

welche in den Innenwänden der Gebäude aufgeführt werden, kommen als gemauerte Schächte, welche glatt ausgeputzt werden, zur Ausführung, weil ein etwaiger Wärmeverlust doch dem Gebäude zugute kommt.

Besonders ist darauf zu achten, daß nebeneinanderliegende Luftkanäle gegenseitig dicht sind, also

die zwischen aufgeführte Mauerzunge keine luft-
durchlässigen Fugen hat.

In neuerer Zeit werden Luftheizungen angeboten,
deren Abweichung darin besteht, daß der Kalorifer
freistehend ohne Einmauerung
mit einem isolierten Blechmantel
umgeben, aufgestellt wird und
die Luftleitungskanäle nicht gemauert, sondern ebenfalls aus
Blechrohrleitungen hergestellt
werden. Die Vorbedingungen bei
diesen Anlagen sind genau dieselben wie bei der Kalorifer-
Luftheizung mit gemauerten
Schächten. Da die Heizkammer
nicht zugänglich ist, so ist auch
die Reinigung der Heizflächen von
Staub eine schwierige. Es ist dafür zu sorgen, die Heizflächen
des Ofens leicht zugänglich zu
machen. Dies wird bei den nach Fig. 12 ausgeführten
Luftheizungsöfen dadurch erreicht, daß die Ummante-

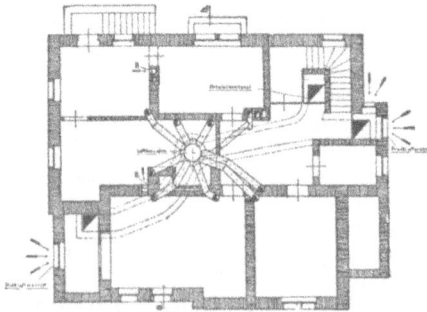

Fig. 12.

Fig. 13.

lung nach Lösen einiger Schrauben vollständig abgenommen werden kann, so daß alle Heizflächen zugänglich sind. Da die Heizflächen dieser Öfen auch voll-

ständig glatt sind, so ist eine Staubablagerung vermieden. Die schmiedeeisernen geschweißten Heizkörper sind vollständig gasdicht, so daß auch eine Verunreinigung der Heizluft durch Verbrennungsgase aus-
geschlossen ist.

Die Luftverteilungsleitungen einer solchen Anlage,
im Keller einer Villa, zeigt Fig. 13.

Die metallenen Warmluftleitungsrohre müssen
sorgfältig verlegt werden und nach den Vorschriften
einzelner Behörden in bestimmtem Abstand von Holz
entfernt sein. Da die heiße Luft oft mit sehr hohen
Temperaturen durch diese Röhren geführt wird, ist
diese Forderung auch berechtigt.

Dampfluftheizung und Wasserluftheizung.

Dampfluft- und Wasserluftheizungen sind solche,
bei welchen die Erwärmung der Luft in der Heizkammer durch Dampf- oder Wasserheizkörper erfolgt.

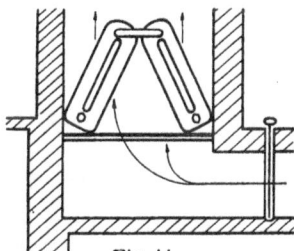

Fig. 14.

Im übrigen ist die Anordnung dieselbe wie bei der
Kalorifer-Luftheizung beschrieben.

Zur Anwendung kommen Heizkörper aus Rippenrohrgruppen oder Radiatoren. Auch Boiler, welche
mit Heizrohren durchzogen sind, kommen in solchen
Fällen zur Verwendung, wo die Frischluft mittels
Ventilatoren befördert wird. Insbesondere werden

diese Arten von Luftheizung für größere Lüftungs-
anlagen zur Erwärmung der Frischluft ausgeführt.

Bei der Aufstellung der Heizkörper in der Luft-
kammer ist besonders darauf zu achten, daß alle Teile
leicht zugänglich und leicht zu reinigen sind. Es
empfiehlt sich ferner, die Heizflächen in einzelne
abstellbare Gruppen zu teilen, weil man auf diese
Weise durch Ausschalten eines Teiles der Heizfläche
die Erwärmung der Luft regeln kann.

Bei Wasser-Luftheizungen ist darauf zu achten,
daß die Abstellorgane der einzelnen Gruppen eine

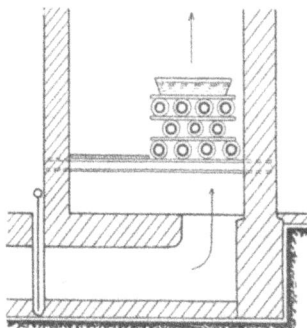

Fig. 15.

Bohrung haben, so daß stets etwas Zirkulation des
Wassers stattfinden kann, um ein Einfrieren zu vermeiden. Die dem eintretenden kalten Luftstrom
ausgesetzten Heizkörpergruppen sollten überhaupt
nicht abstellbar eingerichtet werden.

Eine vorteilhafte Aufstellung von Radiatoren
zeigt Fig. 14. Die Anordnung von Rippenrohrgruppen
zeigt Fig. 15. Die Anordnung eines Boiler-Heiz-
körpers mit Ventilator zeigt Fig. 16.

In allen Fällen ist besondere Sorgfalt auf das
Verlegen der Anschlußrohrleitungen, besonders der

Kondenswasserleitungen und Rücklaufleitungen zu
verwenden. Dieselben müssen stets so angeordnet werden, daß sie nicht von dem eintretenden kalten Luftstrom getroffen und hierdurch der Gefahr des Ein-
frierens ausgesetzt sind.

Eine gute Isolierung dieser Leitungen ist ebenfalls noch erforderlich und ist hierauf bei der Montage
Rücksicht zu nehmen.

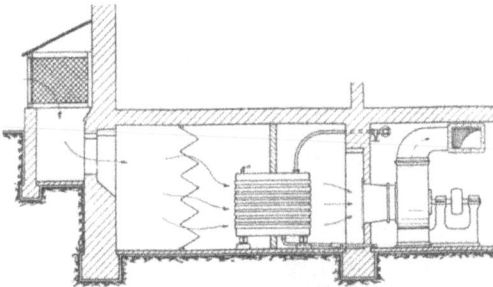

Fig. 16.

Über die Ausführung der Kanäle, Verschlußklappen gilt das im Kapitel über Kalorifer-Luftheizung Gesagte auch für diese Art Anlagen.

Großraumheizung.

Für Großräume, Montagehallen, Fabriksäle u. dgl.
ist eine vorteilhafte Beheizungsart, durch Heiz-
aggregate geschaffen, welche aus einem Heizkörper
in Verbindung mit einem Ventilator bestehen. Die
Beheizung der Heizkörper kann durch Hochdruckdampf, Niederdruckdampf oder Warmwasser erfolgen,
je nachdem, welches Heizmittel zur Verfügung steht.
Der Heizkörper ist in ein Gehäuse eingebaut und ein
Ventilator bläst Luft durch den Heizkörper, wodurch
eine große Wärmeabgabe erzielt wird. Der Ventilator

wird angetrieben durch einen Elektromotor, durch
Transmission oder durch Dampfturbine und wird der
Abdampf der Turbine im letzteren Falle als Heiz-

Fig. 17.
Nema-Luftheizapparate mit Umschaltklappe für Frisch-
und Umluftbetrieb.

mittel benutzt. Fig. 17 u. 18 zeigen ein solches Heiz-
aggregat und werden je nach der Größe der Räume
eine bestimmte Anzahl solcher Aggregate in demselben
verteilt.

Die Luft entnimmt der Ventilator 'entweder aus den zu beheizenden Räumen (Umlaufheizung) oder dieselbe wird aus dem Freien entnommen (Ventilationsheizung). Im Sommer können diese Apparate zur Lüftung der Räume benutzt werden. Anlagen dieser Art sind von großer Wirtschaftlichkeit. Störende Rohrleitungen und Heizkörper sind in den Räumen nicht vorhanden. Das Anheizen der Räume erfolgt schnell und die erforderliche Temperatur ist leicht regulierbar.

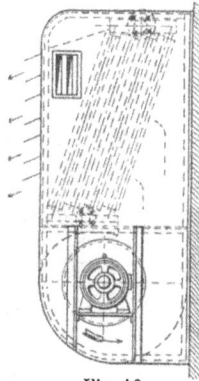

Fig. 18.

3. Die Wasserheizung.

Wird in einem Gefäß mit Wasser dasselbe erwärmt, so entsteht in diesem Gefäße ein Kreislauf (Zirkulation), und zwar deshalb, weil das warme Wasser spezifisch leichter ist als das kalte (1 l Wasser von plus 4^0 C Temperatur wiegt 1 kg, während 1 l Wasser von plus 50^0 C 0,988 kg, 1 l Wasser von 100^0 C 0,958 kg wiegt.) Es wird also das warme Wasser stets gewissermaßen von dem kälteren emporgehoben und auf demselben schwimmen, so lange eine Temperaturdifferenz vorhanden ist. Dieser Kreislauf ist das Grundprinzip aller Wasserheizungen. Man kann sich von dem Kreislauf des erwärmten und abgekühlten Wassers sehr leicht ein Bild machen, wenn man eine Glasröhre, Fig. 19, herstellt und dieselbe mit Wasser füllt. Erwärmt man bei W die Röhre an einer Flamme, so wird das erwärmte Wasser sofort in dem Schenkel Z nach oben steigen und in dem Schenkel Z 1 wieder abwärts fallen.

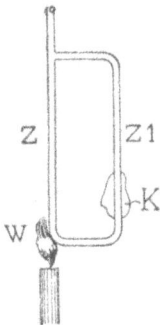

Fig. 19.

Dieser Kreislauf des Wassers wird anfänglich langsam, bei steigender Erwärmung bei W schneller, und, wenn die Temperatur des gesamten Wasserinhalts nahezu gleich geworden ist, wieder abnehmen und gänzlich aufhören. Kühlt man dann den Schenkel Z 1 durch Anhalten eines kalten Schwammes oder eines Stückchens Eis bei K ab, so beginnt der Umlauf sofort von neuem.

Mischt man dem Wasser klein gestoßenen Siegellack oder sonst einen kleinkörnigen schwimmenden

Körper bei, so ist der stattfindende Kreislauf noch
besser. zu beobachten. Der durch die Erwärmung
stattfindenden Ausdehnung des Wassers wegen darf
die Röhre nicht geschlossen sein, sondern muß oben
offen bleiben und auch nicht bis obenhin angefüllt
werden.

In gleicher Weise ist der Vorgang bei jeder Wasserheizung. Denkt man sich, wie in Fig. 20 dargestellt,
ein Röhrensystem derart angeordnet und bis E mit

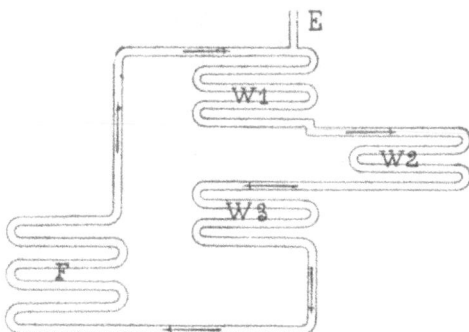

Fig. 20.

Wasser angefüllt, daß F die Stelle bildet, wo die Erwärmung stattfindet, W die Stellen sind, wo dem
System Wärme entzogen wird, so wird sich sofort,
wenn die Erwärmung bei F erfolgt, eine Bewegung
des Wassers in der Richtung der Pfeile vollziehen und
nacheinander $W 1$, $W 2$ und $W 3$ erwärmen. Das Steigerohr ist stets an der höchsten Stelle des Wärme auf-
nehmenden Körpers (Heizkessel oder Spirale) angeordnet, das Rücklaufrohr stets an der tiefsten Stelle.
Weil nun in dem Steigerohr nur eine aufsteigende
Bewegung des erwärmten Wassers stattfinden soll,
so führt man dasselbe auch stets auf dem möglichst
kürzesten Wege bis zur höchsten Stelle und schaltet
alle Wärme abgebenden Flächen, Öfen oder Spiralen

2*

erst in die abfallende Leitung ein. Es ist vollständig
falsch, das Steigerohr zur Wärmeabgabe zu benutzen,
weil hierdurch nur der Kreislauf erschwert wird.
Man kann sich hiervon leicht überzeugen, wenn man
wieder die in Fig. 19 (Seite 18) dargestellte Glasröhre
zur Hand nimmt und die Abkühlung mit dem Schwamm
K an dem Schenkel *Z* vornimmt; es entsteht dann
ein Umlauf in dem aufsteigenden Rohr selbst, in
dem die abgekühlten Wasserteile wieder nach unten
fallen.

Diese geschilderten Vorgänge sind bei allen
Wasserheizungen gleich, und nur besondere Einrich-
tungen unterscheiden die Warmwasser- (Niederdruck-
und Mitteldruck-) Heizung und die Heißwasser-
(Hochdruck-) Heizung.

Der Unterschied zwischen diesen beiden Arten
besteht in der Anordnung des Ausdehnungsgefäßes.
Durch die Erwärmung des Wassers dehnt sich dasselbe aus, es vergrößert sein Volumen. Diese Ausdehnung findet nun in einem über dem höchsten
Punkt der Leitung aufgestellten Gefäß Platz, und je
nachdem diese Ausdehnung ungehindert in einem
offenen Gefäß oder durch Ventile mit Belastung
oder durch ein geschlossenes Gefäß behindert stattfindet, bezeichnet man die Heizung als eine Nieder-
druck-, Mitteldruck- oder Hochdruckheizung. Ur-
sprünglich existierten nur die Niederdruckheizungen
als vollständig offenes und die Hochdruckheizungen
als vollständig geschlossenes System als Gegensätze,
die erstere Warmwasserheizung und die letztere Heißwasserheizung genannt, und zwar deshalb, weil in
dem offenen System das Wasser nur bis zum Siedepunkt (100° C) erwärmt werden kann, während in
dem geschlossenen System eine Erwärmung bis über
200° C möglich ist. Um aber die Vorteile beider Arten
zu vereinigen, werden die sogenannten Mitteldruck-
heizungen vielfach ausgeführt, die Heißwasserheizungen fast ausschließlich nur noch als Mitteldruck-
heizungen gebaut.

Warmwasserheizung.

Bei der Warmwasser-Niederdruckheizung besteht die Erwärmungsstelle aus einem Heizkessel, die Wärme abgebenden Körper aus Heizöfen, welche in zylindrischer Form, als Röhrenregister oder als Rippenheizglieder oder als Radiatoren ausgeführt werden. Für

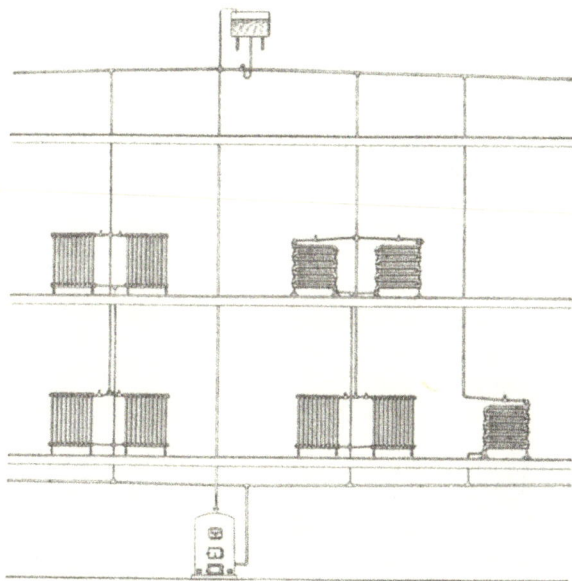

Fig. 21.

Treibhäuser werden die wärmeabgebenden Flächen stets in Röhrenform ausgeführt, so daß da Leitung und Heizfläche ein und dasselbe ist.

Die Anordnung einer Warmwasserheizung erfolgt nun auf verschiedene Art.

Die eine Art der Ausführung ist diejenige, bei welcher von dem Kessel ein Hauptsteigerohr bis zum höchsten Punkt führt (bei Gebäuden bis zum Dach-

boden), sich dort verzweigt und in einer dem Gebäude
entsprechenden Anzahl von Abfallsträngen den einzelnen Heizkörpern als Zuflußröhren dient. (Obere
Verteilung.) Die Heizkörper erhalten dann wieder
besondere Rücklaufröhren, die sich im unteren Geschoß zu einem Hauptrücklaufrohr vereinigen, um

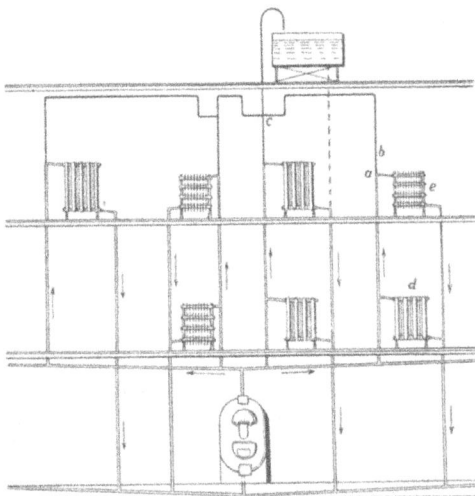

Fig. 22.

das abgekühlte Wasser dem Kessel zu neuer Erwärmung zuzuführen. Fig. 21 zeigt diese Anordnung.
Die zweite Anordnung ist die, daß das Hauptverteilungsrohr nicht bis zum höchsten Punkt geführt,
sondern im untersten Geschoß verlegt wird. (Untere
Verteilung.) Jede Heizkörpergruppe erhält dann ein
besonderes Steigrohr nach den Heizkörpern hin.
Diese Steigeröhren müssen aber besondere Entlüftungsleitung oder Lufthähne erhalten, damit die Luft
entweichen und das ganze System sich vollständig mit

Wasser anfüllen kann. Damit eine Zirkulation durch die Luftleitungen verhindert wird, sind dieselben mit Luftsäcken auszuführen. Näheres zeigen Fig. 28 u. 29, Seite 27. Durch diese Luftschleifen wird erreicht, daß die Leitungen sich nicht mit Wasser füllen und eine

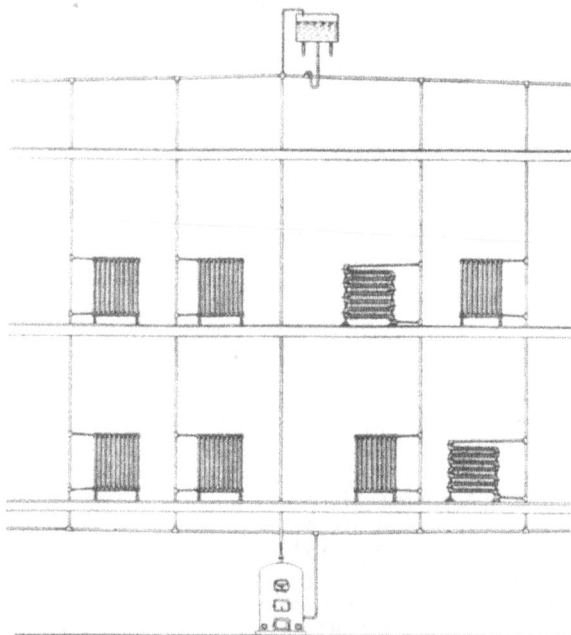

Fig. 23.

Zirkulation durch dieselben nicht stattfinden kann. Wie bei dem vorgehend beschriebenen Systeme erhält dann auch wieder jeder Heizkörper ein Rücklaufrohr. Fig. 22 zeigt diese Anordnung.

Eine dritte Ausführungsart ist das sogenannte Einrohrsystem. Bei dieser Anordnung, welche in Fig. 23 dargestellt ist, wird das Steigerohr vom

Kessel direkt bis zum höchsten Punkt geführt, ver-
zweigt sich dort, und eine Anzahl abwärts führender
Leitungen dient den Heizkörpern als Zuflußröhren.
Die einzelnen Heizkörper erhalten keine besonderen
Rücklaufleitungen, sondern die Zulaufleitung für den
tiefer stehenden Heizkörper dient gleichzeitig als
Rückleitung für den darüber stehenden.   Die ein-
zelnen Heizkörper zweigen nur von den abfallenden
Rohrsträngen ab.   Die tiefer stehenden Heizkörper

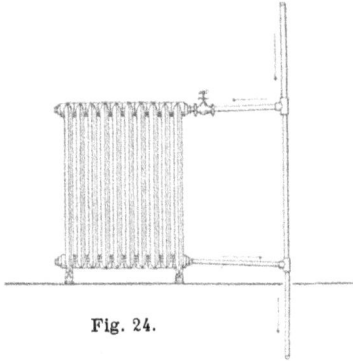

Fig. 24.

erhalten hierdurch naturgemäß ihre Heizmittel in etwas
geringerer Temperatur als die höher stehenden und
sind deshalb die Heizflächen dementsprechend reichlicher zu nehmen. Anlagen dieser Art müssen sowohl
in bezug auf Rohrdimensionen wie auf Heizflächen-
größen genau berechnet werden. Änderungen dürfen
hierbei niemals ohne genaue Nachrechnung vorge-
nommen werden.

Fig. 24 zeigt einen Heizkörperanschluß beim
Einrohrsystem.

Die Rohrleitungen bei Warmwasserheizungen sind
stets mit genügendem Gefälle zu verlegen, damit
Luftansammlungen, welche den Kreislauf des Wassers
behindern, vermieden werden. Ferner sind für die Ab-
zweigungen sowie für die Heizkörperanschlüsse mög-

lichst Formstücke mit schrägem Abzweig zu verwenden.
Scharfe Winkel in den Rohrleitungen sind zu vermeiden.
Fig. 25 zeigt schematisch die beste Ausführung der
Rohrleitung für Wasserheizungen mit besonderen
hierfür geeigneten Formstücken.
Über dem höchsten Punkt des ganzen Heiz-
systemes muß das Füll- resp. Expansionsgefäß aufgestellt werden, welches mit einem beliebigen Punkt
der ganzen Anlage verbunden sein kann. Bei der Ausführung nach Fig. 21 verbindet man das Expansionsgefäß gewöhnlich mit dem Hauptverteilungsrohr, bei

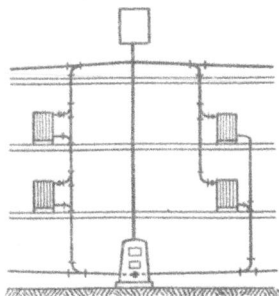

Fig. 25.
(Die Zeichnung zeigt links den Anschluß beim Einrohrsystem
und rechts beim Zweirohrsystem.)

dem in Fig. 22 dargestellten System mit einem beliebigen, am besten einem Rücklaufrohr von einer Heizkörpergruppe. Das Ausdehnungsgefäß ist möglichst
in einem frostfreien Raum unterzubringen. Wo dies
nicht angängig, ist dasselbe durch eine Ummantelung
gegen Frostgefahr zu schützen und empfiehlt es sich in
solchen Fällen, das Ausdehnungsgefäß durch eine enge
Rohrleitung mit dem Vorlauf und Rücklauf zu ver-
binden, damit eine Erwärmung des Wasserinhaltes
erfolgt. Das Gefäß muß über dem ganzen System aufgestellt werden, und jeder Punkt der Leitung, welcher
oben keine Verbindung mit einer anderen Leitung

hat, muß sich entlüften können, denn wo die Luft nicht
fort kann, da kann kein Wasser hin, und wo kein Wasser
ist, kann auch kein Kreislauf stattfinden. Würde z. B.
bei *a* in Fig. 22 die Verbindung *b c*, die Luftleitung,
fehlen, so würde sich der ganze Teil *d e* nicht anfüllen
können, und dieser Teil der Anlage würde einfach
nicht arbeiten. Ebenso wird ein Heizkörper nicht
arbeiten, wenn derselbe nach Fig. 26 angeschlossen
ist, weil sich bei *L* die Luft ansammelt und das Rohr
sich nicht anfüllen kann. Bringt man bei *L* eine Ent-

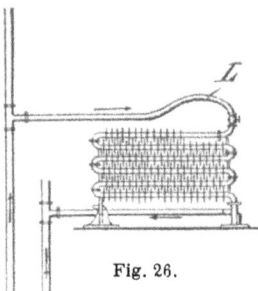
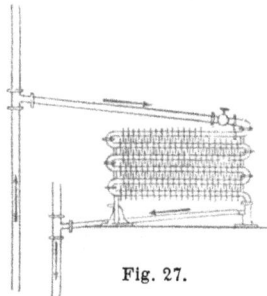

Fig. 26.   Fig. 27.

lüftungsvorrichtung an, daß sich das Rohr mit Wasser
füllen kann, so wird der Ofen sofort arbeiten. Richtiger
ist es aber, den Anschluß stets so herzustellen, wie
Fig. 27 zeigt, so daß sich in der Zweigleitung überhaupt
keine Luft festsetzen, sondern durch das aufsteigende
Rohr entweichen kann.

Bei der Ausführung der Verteilung nach Fig. 22
ist es erforderlich, entweder auf jeden aufsteigenden
Strang einen Lufthahn aufzusetzen, oder die sämtlichen
Steigestränge durch eine besondere Luftleitung zu entlüften.

Beim Verlegen der Luftleitung ist aber besondere
Sorgfalt erforderlich, dieselbe soll gegen Frost geschützt
sein, also möglichst in geheizten Räumen — nicht auf
kalten Dachböden — verlegt werden. Ferner ist es

erforderlich, durch Anschlußschleifen eine störende
Zirkulation durch die Luftleitung zu verhindern.
Fig. 28 und 29 zeigen derartige Anordnungen.
Die Rohrleitungen für Wasserheizungen werden
von über 50 mm l. Durchm. an aufwärts, am besten
aus patentgeschweißten Röhren mit hartaufgelöteten
Flanschen oder Bordringen ausgeführt. Zu den Ab-
zweigungen und Biegungen wurden bisher am vorteil-
haftesten gußeiserne Formstücke verwendet. Nach der
Ausbildung des autogenen Schweißverfahrens werden
jedoch in neuerer Zeit die Abzweige größtenteils durch

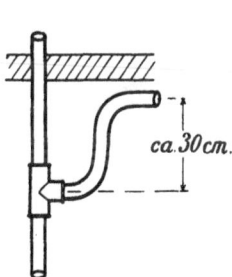

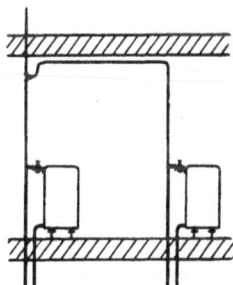

Fig. 28.   Fig. 29.

Schweißung hergestellt, wodurch eine Menge Verbindungsstellen erspart werden. Jeder Monteur soll
deshalb mit dem autogenen Schweißen vollkommen
vertraut sein! Durch die von einigen Werken gelieferten
Rohrbogen kann jede Wegführung durch Anschweißen
von Bogenstücken an die geraden Rohrlängen hergestellt werden.
Diese Rohrbogen werden als Doppelbogen oder
Winkelbogen in 3 Normen angefertigt, und zwar ist
der Krümmungsdurchmesser D bei Norm 3 ungefähr
der dreifache lichte Rohrdurchmesser, bei Norm 4
ungefähr der vierfache und bei Norm 5 ungefähr der
fünffache lichte Rohrdurchmesser D (siehe Figurentafel 30). Von den Doppelbogen können je nach Bedarf

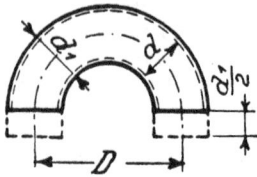

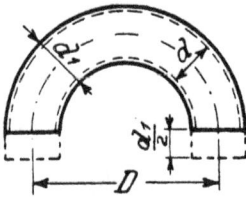

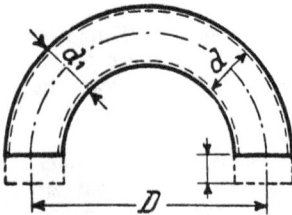

Doppelbogen 180°   Winkelbogen 90°   Norm 3.

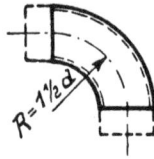

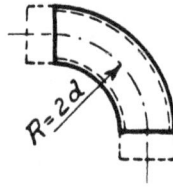

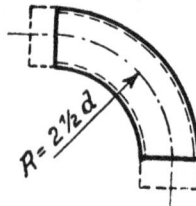

Doppelbogen 180°   Winkelbogen 90°   Norm 4.

Doppelbogen 180°   Winkelbogen 90°   Norm 5.

Figurentafel 30.

beliebige Segmentstücke spitz- oder stumpfwinklig geschnitten werden.

Anwendungbeispiele zeigen die Abbildungen der Figurentafel 31.

Anwendungsbeispiele für Rohrbogen.

Figurentafel 31.

Angefertigt werden diese Rohrbogen von den Firmen R. Deus & Co. G. m. b. H., Düsseldorf, und vom Rohrbogen-werk Hamburg.

Die Rohrleitungen in Weiten von 50 mm l. Durchm. und darunter werden mit Gewinde und Muffen zu-sammengefügt und ebenfalls Fassonstücke mit Gewinde (Gasgewinde) verwendet. Zu diesen Leitungen werden sog. Gasröhren guter Qualität überall verwendet, und findet man die Tabelle über die Weiten Seite 132. Bei der Gewindeverbindung wird entweder Rechts-

und Linksgewinde benutzt und die Dichtung durch
Abfräsen des einen Rohrendes hergestellt (Fig. 32)
oder zwischen die beiden Rohrenden ein Kupfer-
ring gelegt, oder es werden, wenn nur Rechtsgewinde
verwendet wird, zu beiden Seiten der Muffen oder
des Fassonstückes Konterringe mit Hanf und Dich-
tungsmaterial gegengeschraubt (Fig. 33).

Auch ein gut passendes, konisch geschnittenes Gewinde gibt ohne Konterring eine gut haltbare Verbindung.

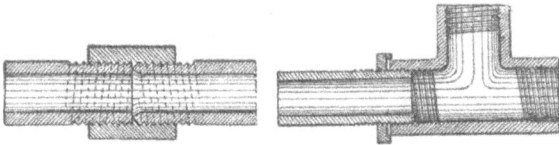

Fig. 32.   Fig. 33.

Für lange Leitungen sind alle 20 bis 30 m zur
Aufnahme der Längenausdehnung sog. Kompensatoren (Seite 55 u. 56) einzuschalten.

Alle Rohrleitungen sind sorgfältig mit Gefäll
zu verlegen, und zwar möglichst 10 mm auf den
laufenden Meter.

Als Heizkörper wendet man nun entweder Schlan-
genrohre, Zylinderöfen, Röhrenöfen oder Rippenheizkörper, Radiatoren u. dgl. an. Sehr angebracht,
wenn auch nicht unbedingt erforderlich, ist eine
zwangsläufige Zirkulation des Wassers im Heizkörper.

Die Tabelle auf Seite 131 gibt die Weite der Rohranschlüsse an die Heizkörper verschiedener Größen
an, welche im Mittel genügen. Da die Heizkörper
für Wasserheizung und Dampfheizung fast gleicher
Konstruktion sind, so werden dieselben in einem besonderen Abschnitt »H e i z k ö r p e r« behandelt.

Die Heizkörper erhalten Abstellventile oder Hähne,
und zwar bei ausgedehnten Anlagen doppelt einstellbare
Hähne, durch welche es möglich ist, den Kreislauf des
Wassers zu regulieren, damit sämtliche Heizkörper

gleichmäßig erwarmt werden. Diese Regulierung ist
beim Probeheizen vorzunehmen und sind die Hähne
so gebaut, daß dieselben ab- oder angestellt werden

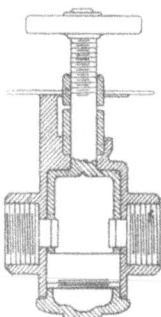

Fig. 34.
Regulierhahn
mit freiem Querschnitt.

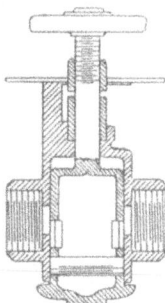

Fig. 34a.
Regulierhahn mit
gedrosseltem Querschnitt.

können, ohne daß sich die eingestellte Regulierung
verändert. Fig. 34 und 34a zeigen einen einstellbaren
Regulierhahn schematisch. Entweder ist derselbe so
eingerichtet, daß der ganze Abschlußkolben verstellbar ist, oder
in dem Abschlußkolben ist ein besonderes Regulierstück eingesetzt,
welches durch Verstellung eine Quer-
schnittsänderung bewirkt. Eine solche Ausführung zeigt die Fig. 35,
ein doppelt einstellbarer Präzisions-
regulierhahn, Fabrikat Kosmos.

Fig. 35.

Mittlere und größere Warm-
wasserheizungsanlagen sollten, um
Betriebsstörungen zu vermeiden, stets mit Strangab-
sperrvorrichtungen versehen werden. Die bisher allgemein angewendeten Strangabsperrschieber haben
meist den Erwartungen im Ernstfalle nicht ent-
sprochen. Es ist aber möglich, eine sichere Ausschal-

tung der zu entleerenden Stränge durch die fast keinen
Widerstand bietenden Koswa-Strangventile zu er-
reichen. Die Bauart veranschaulicht Fig. 36.

Fig. 36.
Koswa-Strangventil.

Etagenheizungen. Kleinhausheizungen. Eine besondere Ausführungsart von Warmwasser-Niederdruck-
heizungen sind die Etagenheizungen für einzelne Ge-

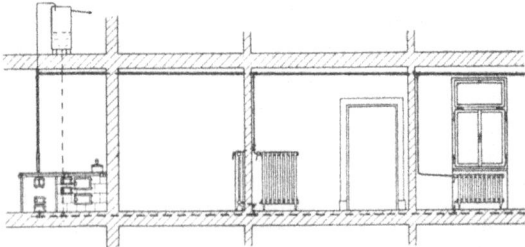

Fig. 37.

schosse oder kleine Villen und Einfamilienhäuser. Bei
diesen Anlagen wird der Heizapparat oftmals im
Küchenherd untergebracht, so daß im Winter auf dem

Heizfeuer gleichzeitig gekocht werden kann. Fig. 37
stellt eine solche Anordnung dar.

Auch verschiedene Kleinkessel, welche wie ein
Ofen in einem der zu heizenden Räume aufgestellt
werden, sind mit gutem Erfolg verwendet.

Es gehören hierher die Kessel vom Strebelwerk »Ca-
mino«, die Kessel von Lollar »Logana« und die »Narag«-
Kessel der National-Radiator-Gesellschaft.

Die Figuren 38, 39 und 40 zeigen einen »Logana«-
Zimmerheizkessel

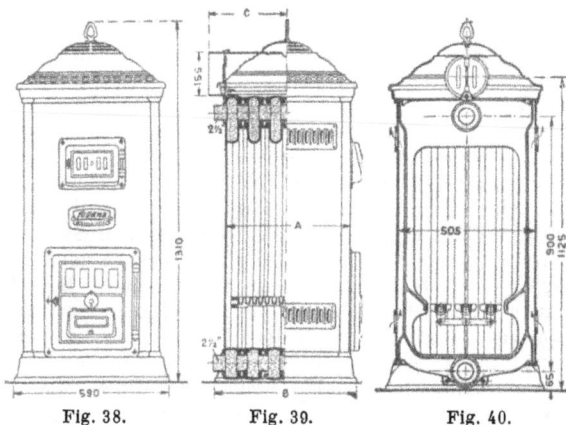

Fig. 38. Fig. 39. Fig. 40.

Da bei diesen Heizungen der Wärmeerzeuger in
derselben Höhe wie die wärmeabgebenden Flächen
der Heizkörper steht, so sind dieselben stets möglichst
hochstehend anzuordnen, auch die Hauptverteilungs-
rohre so hoch als möglich über den Heizapparat zu
verlegen, damit ein reger Kreislauf erzielt wird. Die
Vorlaufleitung wird bei derartigen Anlagen, bei welchen
Heizapparat und Heizkörper auf einer Höhe stehen,
nicht isoliert, sondern zur Erwärmung der Korridore
benützt. Der Kreislauf im System wird durch die
Wärmeabgabe der Zuleitungsrohre beschleunigt. Heizkörper mit geringem Wasserinhalt verkürzen die An-

heizzeit. Diese Heizkörper sind im Abschnitt »Heizkörper« näher behandelt.

Viele Konstrukteure führen diese Etagenwasser-
heizungen nach besonderer Bauart aus, wodurch
ein beschleunigter Wasserumlauf erzielt wird.

Während bei der normalen Wasserheizung der
Umlauf durch den Gewichtsunterschied zwischen dem
wärmeren und kühleren Wasser hervorgerufen wird,
schafft man bei den Schnellumlaufheizungen in
dem Steigrohr ein Gemisch von Dampfbläschen
und Wasser. Hierdurch vergrößert sich der Gewichtsunterschied zwischen Vorlauf- und Rücklaufwasser
ganz erheblich und hierdurch auch die Umlauf- (Zir-
kulations-) Geschwindigkeit.

Diese Schnellumlaufheizungen sind als das Voll-
kommenste für die Erwärmung der einzelnen Etagen
von größeren Mietshäusern zu betrachten; da aber
die Bauart größtenteils durch Patente geschützt ist
und die Ausführung in den Händen der Patentinhaber
liegt, so hat es keinen Zweck, die einzelnen Systeme
hier zu beschreiben, weil der Monteur doch ganz besonderer Anleitung von dem Konstrukteur bedarf.
Auch für sehr ausgedehnte Warmwasserheizungs-
anlagen werden verschiedene Arten von Schnellumlaufheizungen ausgeführt, welche gewöhnlich nach
ihren Erfindern benannt werden, z. B. Reckheizung,
Göbelheizung usw. Alles dies sind Warmwasserheizungen, bei welchen durch besondere Vorrichtungen
ein beschleunigter Wasserumlauf in der ganzen Anlage stattfindet, so daß es sogar möglich ist, einzelne
Heizkörper tiefer als den Kessel aufzustellen. Es
würde weit über den Rahmen dieses Werkchens
hinausgehen, eine nähere Beschreibung einzelner
solcher Systeme zu geben, da der Monteur derartiger
Anlagen, wie schon gesagt, besondere Vorschriften
seitens des Konstrukteurs erhalten muß.

Pumpenheizungen.

Nur noch einer besonderen Art der Schnellumlauf-
Warmwasserheizungen soll Erwähnung geschehen. Es

ist die **Warmwasserheizung** mit **Pumpenbetrieb.**
Bei dieser Art, welche hauptsächlich für sehr große
ausgedehnte Anlagen in Frage kommt, findet der
Kreislauf im ganzen System nicht infolge der durch die
Temperaturdifferenz erzeugten Schwerkraft statt, sondern wird durch eine Pumpe bewirkt, welche meist
in den Rücklauf zwischen Heizkörper und Kessel
eingeschaltet ist.

Die Pumpe, Fig. 41, durch einen Elektromotor,
Transmission oder Dampfturbine in Tätigkeit gesetzt,
befördert das heiße Wasser nach den Heizkörpern und
wieder zurück nach der Erwärmungsstelle, dem Kessel.

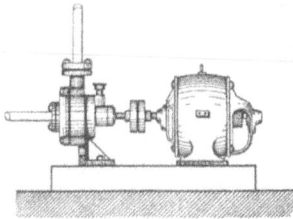

Fig. 41.

Die Heizkörper können hierbei in jeder beliebigen
Höhenlage gegenüber dem Kessel aufgestellt werden,
auch die Führung der Rohrleitungen kann beliebig
erfolgen. Es ist nur darauf zu achten, daß alle Teile der
Anlage gut entlüftet und ebenfalls vollständig entleert
werden können.

In dieser Anordnung werden Fernwarmwasser-
heizungen größter Ausdehnung ausgeführt, und dieselben haben, trotz des Kraftverbrauches für die
Pumpe, eine große Wirtschaftlichkeit des Betriebes
infolge der verhältnismäßig geringen Wärmeverluste
in den Rohrleitungen bewiesen.

Heizungen für Gewächshäuser

werden fast ausschließlich als Warmwasser-Niederdruck-
heizungen ausgeführt, deshalb soll derselben an dieser

Stelle Erwähnung geschehen. Da die Heizungen der Gewächshäuser lediglich aus Rohrleitungen bestehen und
besondere Heizkörper nur in den seltensten Fällen
zur Anwendung kommen, so unterscheidet sich die-

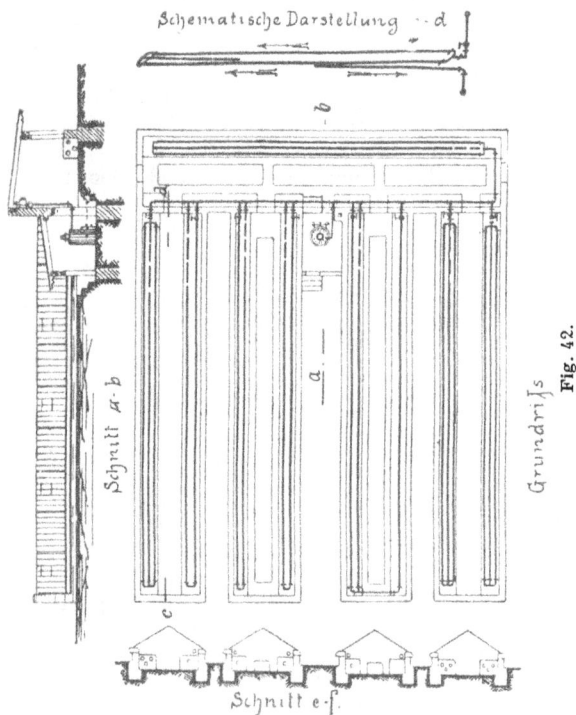

Schematische Darstellung   d

Schnitt a·b

Grundriß

Fig. 42.

Schnitt e·f.

selbe wesentlich von der Warmwasserheizung von Gebäuden anderer Art.

Die Rohrleitungen sind von größerer Weite (75
bis 100 mm) und werden verzweigt in den Räumen
verlegt, Leitung und Heizfläche gleichzeitig bildend.
Auch hier führt vom Wärmeerzeuger die Steigleitung

nach einem möglichst hoch gelegenen Punkt, verzweigt
sich hier und führt mit mäßigem Gefälle wieder nach
dem Kessel zurück. Eine solche Anordnung ist in
Fig. 42 dargestellt.

Eine ältere Anordnung ist die, den Heizapparat
tief aufzustellen, die Heizrohre bis an das Ende der
Gewächshäuser in steigender Richtung zu verlegen
und von dort aus wieder mit Fall nach dem Kessel
zurückzuführen. Diese Anordnung, in Fig. 43 dargestellt, erschwert jedoch den Kreislauf ungemein
und wird deshalb selten ausgeführt.

Die Rohrverbindungen werden, der hierbei vor-
herrschenden großen Längenausdehnungen wegen,

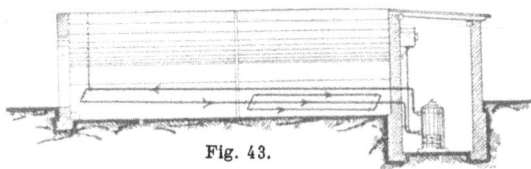

Fig. 43.

meist als sog. Expansionsverbindungen mit Gummi-
dichtungen hergestellt. Diese Verbindungen wirken
stopfbüchsenartig und gestatten eine freie Ausdehnung der einzelnen Rohre. Da die Verbindungen
keine vollständig stabilen sind, so ist stets auf eine
gute Befestigung der Leitungen und Fassonstücke
achtzugeben.

Warmwasser-Mitteldruckheizung.

Dieselbe unterscheidet sich nur in dem Ausdehnungsgefäß von der Niederdruckheizung. Das Ein-
mündungsrohr wird mit einem Ventil versehen, welches so belastet ist, daß es sich erst öffnet, wenn in
dem System ein gewisser Überdruck eingetreten ist.
Fig. 44 zeigt ein solches Ausdehnungsgefäß. Man
kann jeden Tag eine Niederdruckheizung, sobald
Röhren und Heizkörper derart konstruiert sind,

daß dieselben einen gewissen Druck aushalten, in
eine Mitteldruckheizung umändern durch Einbauen
eines Ventils, wie in Fig. 44 dargestellt. Hierdurch
wird stets ein größerer Wärmeeffekt erzielt, weil das
Wasser auf einen etwas höheren Temperaturgrad als
der Siedepunkt erwärmt werden kann (ca. 110 bis
130 ° C); natürlich müssen dann auch alle offenen Ent-
lüftungsrohre durch Ventile oder Hähne geschlossen
werden. Die ganze Anordnung ist dieselbe, wie vorher
beschrieben.

Bei allen Wasserheizungsanlagen ist auf sorg-
fältigste Arbeit zu achten, damit Undichtigkeiten

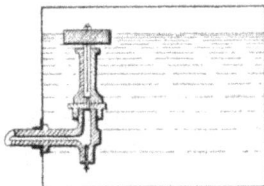

Fig. 44.

vermieden werden. Bei Röhren, welche in Mauern
zu liegen kommen, ist jede Flanschenverbindung
absolut zu vermeiden, weil die Möglichkeit des Un-
dichtwerdens des Verpackungsmaterials nicht aus-
geschlossen ist.

Als Kessel für Warmwasserheizungen werden
dieselben Bauarten benutzt, wie sie auf Seite 83 bis 87
beschrieben sind. Nur die Anordnung und die Weiten
der Anschlußstutzen für die Leitungen sind anders,
und die Armatur besteht nur aus einem Thermometer
und eventuell aus einem selbsttätigen Regulator für
die Feuerung.

Solche sind in Fig. 45, 46, 47 u. 48 dargestellt.

Die Regulatoren für Wasserheizungen beruhen
teils auf der Längenausdehnung von Hohlkörpern
durch die Temperaturunterschiede des Heizwassers

(das Prinzip ist am leichtesten verständlich durch die Schemazeichnung Fig. 45) oder dieselben haben eine Flüssigkeitsfüllung, welche durch Ausdehnung ein Federrohr in Tätigkeit setzt (Fig. 47 u. 48).

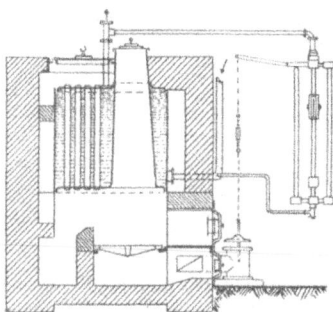

Fig. 45.

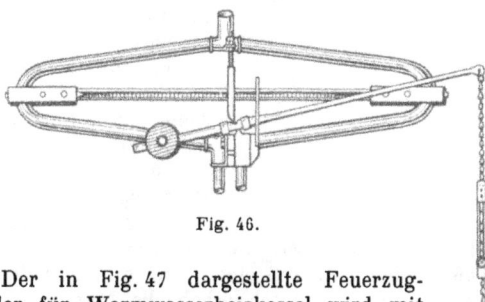

Fig. 46.

Der in Fig. 47 dargestellte Feuerzug-regler für Warmwasserheizkessel wird mit dem Eintauchrohr in das Oberteil des Heiz-kessels eingeschraubt. Im Innern des Tauchrohres befindet sich ein Thermostat, welcher mit einer Aus-dehnungsflüssigkeit gefüllt ist. Bei Erwärmung dehnt sich die Flüssigkeit aus und drückt ein gewelltes Feder-rohr auseinander, wodurch der Hebel, an welchem die Regulierklappe des Kessels mittels Kette befestigt ist

gehoben und die Frischluftklappe geschlossen wird. Beim
Zurückgehen der Temperatur wird in dem Thermostat
das Federrohr zwangsweise wieder zusammengezogen,
hierdurch die Frischluftklappe der Kesselfeuerung ge-

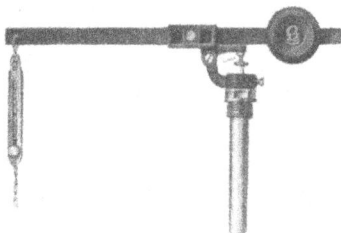

Fig. 47.

öffnet und das Feuer neu angefacht. Dieser Lz.-Feuer-
zugregler ist einfach in der Anbringung an jedem Kessel,
sehr empfindlich und absolut zuverlässig arbeitend.

Der Regulator Fig. 45 wird zwischen Steigleitung
und Rückflußleitung ungefähr in mittlerer Kesselhöhe

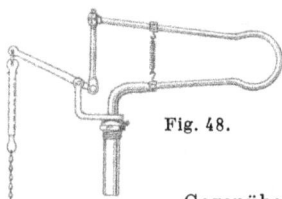

Fig. 48.

montiert und mit einer
besonderen Kreislauf-
(Zirkulations-) Leitung
verbunden, so daß der-
selbe mit der mittleren
Kesseltemperatur arbei-
tet und hiernach die
Feuerung reguliert.

Gegenüber den in Fig. 47 und Fig. 48
abgebildeten Reglern erfordern die Regler Fig. 45 und
Fig. 46 für den Anschluß eine ziemlich lange federnde
Rohrverbindung, wodurch erhebliche Montage- und
Materialkosten entstehen.

Sicherheitsvorrichtungen für Warmwasser-
heizungen.

Die preußische Regierung hat im Jahre 1914
Bestimmungen über die Sicherung von Warmwasser-

kesseln erlassen. (Ergänzungen hierzu sind am 5. Juni 1925 erlassen, welche eine gewisse Erleichterung bringen.)

Die übrigen deutschen Regierungen haben sich diesem Vorgehen, wenigstens grundsätzlich, angeschlossen und so werden die Heizungsanlagen seitens der Firmen jetzt allgemein mit Sicherungen, welche den Vorschriften der betreffenden Bundesstaaten entsprechen, versehen. Die wichtigsten Bestimmungen sind deshalb auszugsweise nachfolgend aufgeführt, ebenso einige Ausführungsformen[1]).

Die Ausführung der Anlagen muß so erfolgen, daß ihre offene Verbindung mit der Atmosphäre unter allen Umständen gewährleistet wird, daß also nicht einzelne Teile der Rohrleitungen, die dem Zwecke der offenen Verbindung mit der Atmosphäre dienen, verengt oder sogar vollständig abgesperrt werden können. Es ist daher, abgesehen von der Forderung hinreichenden Wärmeschutzes der Leitungen und der Ausdehnungsgefäße, dafür zu sorgen, daß die Sicherheitsleitungen bis zum Ausdehnungsgefäß überall genügend weit bemessen und daß — sofern in die Vor- oder Rücklaufleitungen oder in beide zwecks Ausschaltung der Heizkessel von gemeinsam mit ihnen betriebenen Kesseln Absperrvorrichtungen eingebaut werden — Umgehungsleitungen von hinreichender Weite vorhanden sind. Werden in diesen wiederum Absperrvorrichtungen angebracht, um die Ausschaltung der einzelnen Kessel zu ermöglichen, so sind diese Absperrvorrichtungen in der Weise auszubilden, daß bei ihrem Abschluß eine offene Verbindung mit der Atmosphäre hergestellt wird.

Die lichten Durchmesser der Sicherheitsleitungen sind in den nachfolgenden Tabellen aufgeführt.

Die Sicherheitsleitungen dürfen ganz oder teilweise als Vorlaufleitung benutzt werden.

---

[1]) Ausführlich behandelt diesen Gegenstand das Werkchen: Karl Schmidt, Erläuterungen betr. Sicherheitsvorschriften für Warmwasserkessel. 4. Aufl. 1927. Verlag R. Oldenbourg, München und Berlin.

Sind Heizkessel im Vor- oder Rücklauf oder in beiden Leitungen absperrbar, so ist um jede Absperrvorrichtung eine Umgehungsleitung mit eingeschalteter Wechselvorrichtung (Ventil o. dgl.) so anzulegen, daß das Ausblasen vom Kesselraum aus leicht bemerkt werden kann, und daß Personen durch austretende Dampf- und Wassergemische nicht gefährdet werden.

Die Umgehungsleitungen sollen nicht länger als 3 m, die Ausblaserohre nicht länger als 15 m sein, andernfalls die in den Tabellen angegebenen Lichtweiten zu vergrößern sind.

Können bei bestehenden Anlagen die Umgehungsleitungen der örtlichen Verhältnisse halber (auch etwa nur für den Rücklauf) nicht eingebaut werden, so sind alle Absperrvorrichtungen am Kessel zu entfernen.

Werden besondere Gruppen- oder Strangabsperrungen außer den oder statt der Absperrungen am Kessel eingebaut, so sind auch diese mit Umgehungsleitungen, Wechselvorrichtungen und Ausblaserohren zu versehen, es sei denn, daß eine genügende Zahl Stränge unabsperrbar bleiben.

Für die Weiten der Sicherheits- und Umgehungsleitungen sind bestimmte Formeln aufgestellt, nach welchen sich die nachstehenden Abmessungen ergeben.

1. Für die Sicherheitsausdehnungsleitungen, also die unverschließbaren Verbindungen mit dem Ausdehnungsgefäß

für Kessel bis	4 qm Heizfläche	25 mm l. Durchm.
» » über 4—10 »	»	34 » » »
» » » 10—15 »	»	39 » » »
» » » 15—28 »	»	49 » » »
» » » 28—42 »	»	57 » » »
» » » 42—60 »	»	64 » » »

2. Für die Umgehungs- und Ausblaseleitungen und die entsprechenden freien Querschnitte der Wechselventile:

für Kessel bis	4 qm Heizfläche	25 mm l. Durchm.
» » » 8 »	»	34 » » »
» » » 11 »	»	39 » » »

für Kessel bis 18 qm Heizfläche 49 mm l. Durchm.

»	»	» 26 »	»	57 »	»	»
»	»	» 34 »	»	64 »	»	»
»	»	» 42 »	»	70 »	»	»
»	»	» 50 »	»	76 »	»	»
»	»	» 60 »	»	82 »	»	»
»	»	» 70 »	»	88 »	»	»
»	»	» 80 »	»	94 »	»	»
»	»	» 95 »	»	100 »	»	»

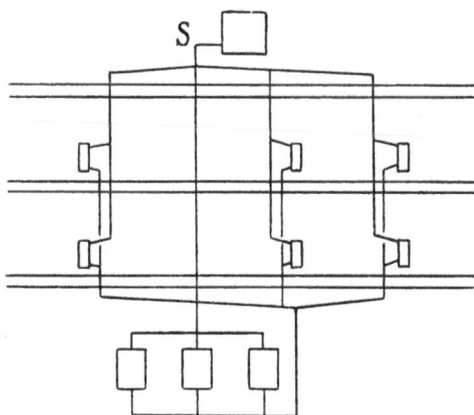

Fig. 49.

Der Heizkessel kann auch durch zwei unabsperr-
bare, miteinander nicht unmittelbar in Verbindung
stehenden Sicherheitsrohrleitungen (Vor- und Rücklauf) mit dem Ausdehnungsgefäß verbunden werden.
Die Durchmesser dürfen hierfür an keiner Stelle
geringer sein als in nachstehender Tabelle angegeben.

a) Sicherheitsausdehnungsleitungen

Kessel bis 8 qm Heizfläche 25 mm l. Durchm.

»	» 20 »	»	34 »	»	»
»	» 30 »	»	39 »	»	»
»	» 56 »	»	49 »	»	»

Kessel bis 84 qm Heizfläche 57 mm l. Durchm.

» » 120 » » 64 » » »

b) Sicherheitsrücklaufleitungen

Kessel bis 10 qm Heizfläche 25 mm l. Durchm.

» » 36 » » 34 » » »

» » 58 » » 39 » » »

» » 119 » » 49 » » »

Die tunlichst von oben in das Ausdehnungsgefäß einzuführende Sicherheitsausdehnungsleitung muß ebenso wie die Entlüftungsleitung oberhalb des höchsten Wasserspiegels einmünden, die Sicherheitsrücklaufleitung ist am tiefsten Punkte des Ausdehnungegefäßes anzuschließen. Die Sicherheitsausdehnungsleitung ist außerdem in den wagerechten Strecken mit reichlicher Steigung und mit Krümmungsradien von mindestens der dreifachen lichten Rohrweite zu verlegen.

Die Sicherheitsausdehnungs- und Sicherheitsrücklaufleitung können ganz oder teilweise als Vor- und als Rücklaufleitung der Anlage benutzt werden und umgekehrt, sofern sie die vorstehenden Bedingungen erfüllen.

Kesselgruppen, die im Vor- und im Rücklauf keine Einzelabsperrungen erhalten, sind wie Einzelkessel von einer der Gesamtheizfläche der Kesselgruppe entsprechenden Größe zu behandeln. Bei Einzelabsperrungen im Vorlauf können sie mit einer gemeinsamen Sicherheitsrücklaufleitung, bei Einzelabsperrungen im Rücklauf mit einer gemeinsamen Sicherheitsausdehnungsleitung versehen werden. Mehrere Sicherheitsausdehnungs- oder Sicherheitsrücklaufleitungen können auch in je eine der in Frage kommenden gesamten Kesselheizfläche entsprechende Sicherheitsleitung zusammengefaßt werden.

Infolge dieser behördlichen Vorschriften ist von dem Monteur zu beachten, daß bei Anlagen, deren Kessel keine Absperrvorrichtungen haben, die Verbindung mit dem Ausdehnungsgefäß den in Tabelle 1 angegebenen Abmessungen entspricht.

Die Fig. 49 zeigt die Ausführung einer Warmwasserheizung mit 3 Kesseln ohne Absperrvorrichtung.

Für die Abstellorgane sind nun Wechselventile verschiedener Art konstruiert worden. Ein Wechselventil
gewöhnlicher Bauart zeigt Fig. 50.

Die Anordnung dieser Wechselventile zeigen die Fig. 51 und 52, und
zwar zeigt die Fig. 51 die Anordnung
von Umgehungsleitungen mit Wech-
selschiebern nur im Rücklauf während
für den Vorlauf keine Wechselventile,
sondern unverschließbare Sicherheits-
rohre bis zum Ausdehnungsgefäß
vorgesehen sind. Die Fig. 52 zeigt
die Anordnung von Wechselventilen
mit Umgehungs und Ausblaseleitungen im Vorlauf und Rücklauf.

Fig. 50.

Bei Anwendung der Wechselventile
sind außer den Hauptabsperrschiebern für die Umgehungsleitungen eine Menge Formstücke erforderlich, außerdem
ist die Bedienung der vielen Schieber und Ventile eine
schwierige und kann leicht zu Irrtümern veranlassen.

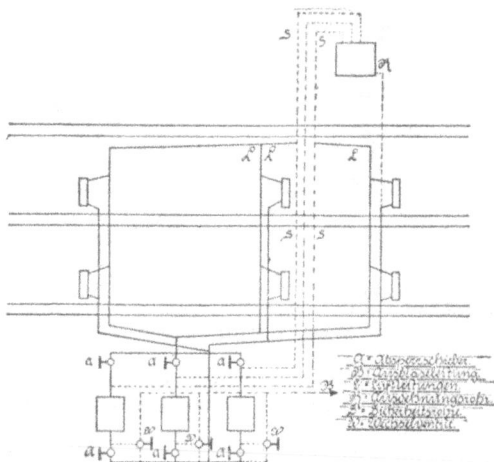

Fig. 51.

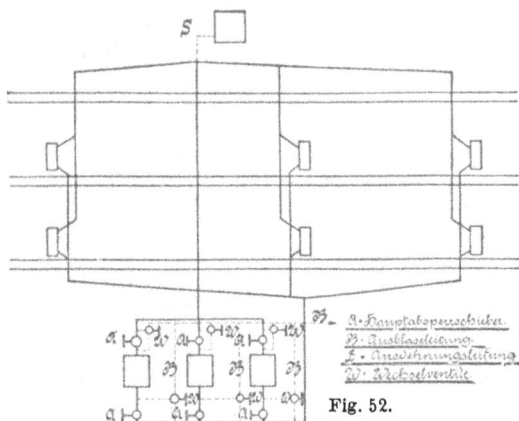

Fig. 52.

Diese Übelstände führten zur Bauart der in allen Staaten zugelassenen Schmidtschen Patent-Sicherheits-Wechselschieber und -Ventile, welche Absperr- und

Fig. 53.   Fig. 54.
Sicherheitswechsel-Schieber und -Ventil in Absperrstellung
für das Heizsystem und Öffnungsstellung für den Kessel.

Sicherheitsausblaseorgan in sich vereinigen. Fig. 53 zeigt den Schmidtschen Sicherheitswechselschieber im Durchschnitt. Fig. 54 zeigt das Schmidtsche Sicherheitswechselventil im Schnitt und Fig. 55 die Anordnung in den Vor- und Rücklaufleitungen.

Aus den Zeichnungen ist ersichtlich, daß der Einbau keinerlei Schwierigkeiten bietet und auch bei bestehenden Anlagen leicht ausführbar ist. Die Bedienung ist sehr einfach, Irrtümer können nicht vorkommen.

Die Zeitdauer des Umstellens ist gering und der dabei auftretende Wasserverlust wird durch die besondere Konstruktion auf ein Minimum herabgedrückt.

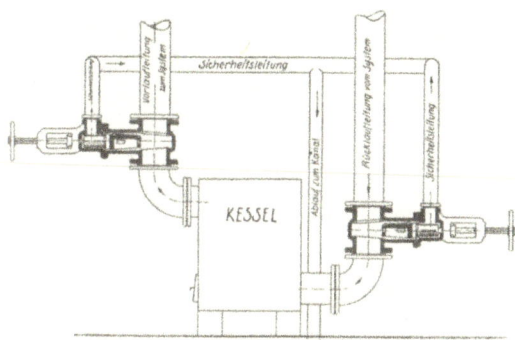

Fig. 55.
Einbauschema für Sicherheitswechsel-Schieber.

Beide Absperrorgane, sowohl Haupt- wie Sicherheitsweg, halten einwandfrei dicht.

Da die Sicherheitsleitung im Kesselhaus, im Gegensatz zur früheren Ausdehnungsleitung, sichtbar mündet, kann der Heizer sich jederzeit augenscheinlich von der Wirkung überzeugen.

Warmwasserbereitungsanlagen unterliegen besonderen Vorschriften.

Heißwasserheizung.

Die Heißwasserheizung unterscheidet sich von der Warmwasserheizung dadurch, daß als Erwärmungsstelle kein eigentlicher Kessel, sondern ein aus Röhren gebildetes Schlangensystem dient. Auch die Heizkörper bestehen aus Röhren und Schlangen, welche

mit der Erwärmungsstelle ein zusammenhängendes
System bilden. Fig. 56 zeigt schematisch die Anordnung einer Heißwasserheizung; *a* zeigt die im Feuerherd eingebaute Heizspirale, während *b* die wärmeabgebenden Spiralen in den zu beheizenden Räumen
sind. Es ist in der Abbildung schon dargestellt, daß

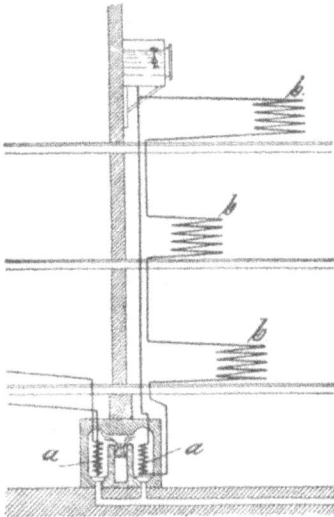 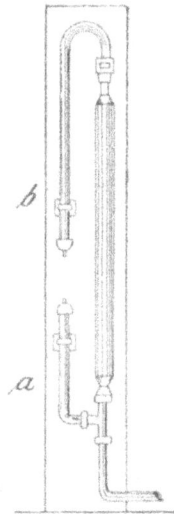

Fig. 56.   Fig. 57.

in einem Feuerherd zwei Heizschlangen vereinigt
sind: es können aber auch vier oder sechs Systeme
in einem Ofen vereinigt werden, wodurch man immer
nur eine einzige Feuerstelle hat. Die gesamte Rohr-
länge eines Systems macht man nie über 200 m und
rechnet $^1/_7$ der Länge des gesamten Heizsystems auf
die im Feuerherd eingebaute Heizspirale.

Dieses System der Wasserheizung wurde von
dem Ingenieur Perkins konstruiert, und führt die
Heißwasserheizung auch jetzt noch vielfach die

Bezeichnung Perkins-Heizung. Perkins führte jedoch nur Heizungen aus, welche mit sehr hohem Druck arbeiteten. Diese hatten ein allseitig geschlossenes Expansionsgefäß, wie solches in Fig. 57 dargestellt ist.

Es ist dies eine Erweiterung des Steigrohres, auf dem höchsten Punkt angebracht, von ungefähr 70 bis 80 mm innerem Durchmesser, oben und unten mit einem Rohrstutzen versehen. Der Stutzen *a* dient zum Nachfüllen des Systems, der Stutzen *b*, um beim Nachfüllen die Luft entweichen zu lassen. Das Wasser kann beim Nachfüllen niemals höher zu stehen kommen als die Öffnung *a*, der darüber befindliche Teil des Gefäßes ist stets nur mit Luft gefüllt, *a* und *b* werden mittels Kapseln dicht verschraubt.

Bei dem Betrieb der Heizung dehnt sich nun das Wasser des Systems aus und preßt die in dem Gefäß enthaltene Luft mit Gewalt zusammen. Es kann natürlich eine Ausdehnung des Wassers nur insoweit erfolgen, als die Luftkompression dies zuläßt. Bei stark forciertem Heizen sind daher auch Explosionen vorgekommen. Man wendet deshalb jetzt das vollständig geschlossene Gefäß fast nicht mehr an, sondern das in Fig. 44 dargestellte offene Ausdehnungsgefäß mit Sicherheitsventil und selbsttätigem Nachfüllventil wird jetzt allgemein zur Anwendung gebracht. In dem Gefäß ist ein Doppelventil eingebaut, dessen oberer Ventilkegel durch ein Belastungsgewicht verschlossen wird, während das untere sich selbsttätig geschlossen hält durch den Druck, welcher in dem System herrscht. Übersteigt der Druck die durch das Belastungsgewicht festgesetzte Grenze, so öffnet sich das obere Ventil, und es entweicht etwas des Inhaltes ,und strömt in das Gefäß über. Kühlt sich nun nach Einstellung des Feuers die Heizung wieder ab, so nimmt auch das Volumen des Wasserinhaltes wieder ab, und es dringt nun Wasser durch das untere Ventil selbsttätig aus dem Gefäß in das Röhrensystem ein.

Es ist bei der Anordnung dieses Ausdehnungsgefäßes fast jede Explosionsgefahr vermieden und
eine Sicherheit für beständige Füllung des Systems
geboten. Natürlich muß das Gefäß stets mit Wasser
gefüllt sein. Auch ist dasselbe an einem frostfreien
Ort aufzustellen oder gegen das Einfrieren durch
Schutzkasten zu sichern. Auf solche Schutzkästen

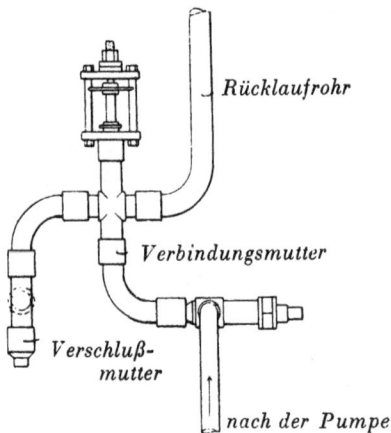

Fig. 58.

hat der Monteur stets aufmerksam zu machen und
dafür zu sorgen, daß dieselben angebracht werden.

Ein weiterer wichtiger Teil ist noch die Füll-
resp. Durchpumpvorrichtung an dem System. Dieses
bietet die Gewißheit, daß das ganze System vollständig gefüllt und kein leerer Raum vorhanden ist.
Die Füllung geschieht stets mit einer Druckpumpe,
mit welcher dann gleichzeitig das ganze Röhrensystem
durch hohen Druck auf Dichtigkeit geprüft wird.
Die Anordnung des Durchpumphahnes ist in Fig. 58
gezeichnet. Ferner zeigen die Fig. 59 u. 60 Anordnungen
von Feuerschlangen sowie Fig. 61 Anordnung von
Heizschlangen in Fensternischen mit Dreiwegehahn,

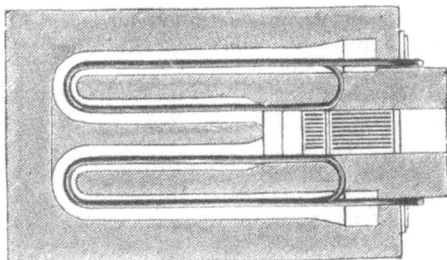

Fig. 59.

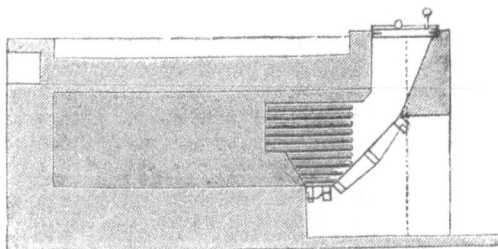

Fig. 60.

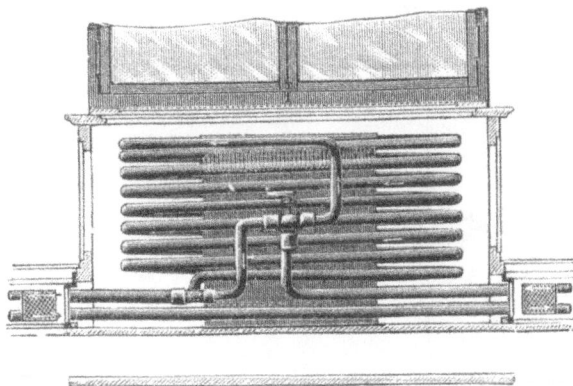

Fig. 61.

durch den man es in der Hand hat, den Kreislauf
entweder durch die Schlange oder nur durch die
Leitungsrohre zu führen.

Das Material der Heißwasserheizungen besteht
aus geschweißten Röhren von 22 mm innerer
und 34 mm äußerer Weite, welche mittels Rechts-
und Linksgewinde (Perkinsgewinde) und starken
Muffen verschraubt werden. Die Dichtung darf nur
eine rein metallische sein, indem das scharf zugespitzte
Ende des einen Rohres gegen das ebene Ende des anderen Rohres herangezogen wird (siehe Fig. 32,
Seite 30).

Das ganze System ist nach beendeter Montage
einem hohen Probedruck zu unterziehen.

Wo die Rohrleitungen durch kalte Räume führen,
ist für genügenden Schutz gegen Einfrieren Sorge
zu tragen. Auch verwendet man, um die Einfrierungs-
gefahr zu verringern, einen Zusatz von Spiritus zu
dem Wasser.

Neue Anlagen vorbeschriebener Art werden wohl
nur noch in den seltensten Fällen zur Ausführung
kommen; dagegen ist das Durchpumpen vorhandener
Anlagen öfters erforderlich und deshalb ist die Kenntnis der Bauart von Heißwasserheizungen für den
Monteur unerläßlich.

4. Dampfheizung.

Bei allen vorgeschriebenen Heizmethoden beruhte die Erwärmung auf dem Kreislauf eines die Wärme enthaltenden Mediums, der Luft oder des Wassers, ohne daß dieses Medium bei der Erwärmung oder bei der Wärmeabgabe seine Form oder Gestalt veränderte. Die Wärmeübertragung fand eben nur durch erhöhte Erwärmung und Wiederabgabe dieser Wärme statt.

Bei der Dampfheizung treten vollständig veränderte Verhältnisse ein. Das wärmetragende Medium verändert bei der Erwärmung seine Form, d. h. das Wasser wird in Dampf verwandelt und geht in seinen ursprünglichen Zustand bei der Wärmeabgabe wieder zurück. Die Temperaturunterschiede des wärmetragenden Mediums kommen dabei weniger in Betracht als die Wärmemenge, welche erforderlich ist, das Wasser in Dampf zu verwandeln, die gleich ist der Wärmemenge, welche frei wird, wenn der Dampf wieder zu Wasser sich verdichtet oder kondensiert.

Man unterscheidet nun drei Arten von Dampfheizung:

1. Hochdruckdampfheizung,
2. Abdampfheizung und
3. Niederdruckdampfheizung.

Hochdruckdampfheizung.

Hochdruckdampfheizungen werden größtenteils nur da ausgeführt, wo bereits Dampfkessel für maschinellen Betrieb vorhanden sind oder bei außerordentlich großer und umfangreicher Ausdehnung.

Es können mit Hochdruckdampf nicht nur einzelne Gebäude, sondern ganze Gebäudekomplexe,

ja selbst ganze Stadtteile beheizt werden, womit
man auch den Anfang gemacht hat. (Sog. Fern-
heizungen.)

In den Dampfkesseln wird, um möglichst vorteilhaft zu arbeiten, ein etwas höherer Druck erzeugt,
als man in den Rohrleitungen und in den Heizkörpern
haben will. Es wird deshalb in die Abzweigung vom
Dampfkessel in der Hauptleitung zuerst ein Reduzierventil eingeschaltet, welches den Kesseldruck auf die
Spannung vermindert, die man in den Leitungen,
überhaupt in dem ganzen System haben will.

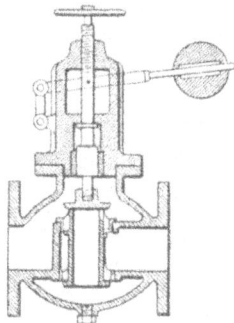

Fig. 62.

Dieses Reduzierventil besteht gewöhnlich aus
einem Doppelsitzventil und einem Kolben, auf welch
letzteren der reduzierte Dampfdruck einwirkt und
bei Überschreitung der gewünschten Spannung das
Schließen des Ventils herbeiführt. In Fig. 62 ist ein
solches Dampfdruckreduzierventil dargestellt. Eine
Gewichtsbelastung oder eine Federbelastung des Kolbens gestattet bis zu gewissen Grenzen eine Ver-
änderung des reduzierten Druckes.

Bei großen Anlagen, welche nicht nur ein ein-
zelnes Gebäude, sondern eine Gruppe von Gebäuden
beheizen, werden diese Reduzierventile nicht an den
Dampfkesseln, sondern erst in den Gebäuden unter-

gebracht, so daß in den Hauptverteilungsleitungen
der höhere Druck herrscht, weil hierdurch verhältnismäßig engere Rohrleitungen Verwendung finden
können.

Zu den Rohrleitungen werden dieselben Materialien benutzt, wie bei der Warmwasserheizung beschrieben. Es gilt auch für die Verarbeitung das auf Seite 27
über Rohrleitungen Ausgeführte. Für die größeren
Durchmesser und hohen Druck werden ebenfalls geschweißte oder noch besser nahtlose (Mannesmann-)

Fig. 63

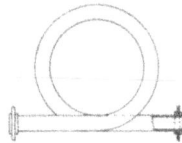

Fig. 64

Röhren verwendet und die Flanschen oder Bord-
ringe nicht aufgelötet, sondern aufgewalzt oder auf-
geschweißt.

Ferner ist bei Dampfheizung darauf zu achten,
daß sich die Rohrleitungen infolge der größeren Temperaturdifferenz auch in größeren Verhältnissen in
ihrer Längsrichtung ausdehnen, und müssen deshalb
geeignete Ausdehnungsvorrichtungen angeordnet sein.

Diese Ausdehnungsvorrichtung, Kompensatoren genannt, werden nun verschiedentlich in Anwendung
gebracht, teilweise als gewöhnliche Schleifenröhren,
wie in Fig. 63 und 64 dargestellt.

Diese beiden Formen werden für Röhren von
geringerer Weite aus Eisenrohr gebogen, und ist
besonders die in Fig. 64 gezeichnete Form vom Monteur leicht an Ort und Stelle herzustellen. Die größeren
Weiten wurden von Kupferrohr ausgeführt, des hohen
Preises wegen aber jetzt größtenteils in der Fabrik
aus nahtlosem Stahlrohr fertig gebogen.

Neuerdings werden für größere Rohrweiten und
hohen Druck diese Ausdehnungsbogen aus Stahl-
wellrohren hergestellt, und finden diese besonders
bei Fernleitungen Anwendung.

Die in Fig. 63 und 64 gezeichneten Schleifenröhren sind stets horizontal in die Leitungen einzubauen und ist bei Montage darauf zu achten, daß die
Bögen um die Hälfte ihrer Ausdehnung auseinan-
dergestreckt werden. Für Röhren von größeren
Durchmessern werden die Ausdehnungsvorrichtungen
als Stopfbüchsen, in welchen sich das eine Rohrende
frei bewegen kann, ausgeführt. Diese Form ist in
Fig. 65 gezeichnet.

Die Heizkörper sind in dem besonderen Abschnitt
»Heizkörper« eingehend behandelt.

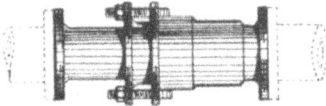

Fig. 65.

Das ganze System der Dampfheizung besteht
nun aus der Zuführung des Dampfes nach den Heizkörpern, aus der Ableitung des sich bildenden Nieder-
schlagwassers und den entsprechenden Reguliervor-
richtungen.

Die Dampfleitungen sollen möglichst stets so verlegt werden, daß das sich bildende Niederschlagwasser
in der Richtung des Dampfstromes abfließen kann.
Man gibt deshalb liegenden Dampfleitungen in der
Richtung des Dampfstromes ein mäßiges Gefälle
und bringt an dem tiefsten Punkt eine Entwässe-
rungsvorrichtung in Form eines sogenannten Kondens-
topfes an.

Bei senkrechten Rohrleitungen muß darauf ge-
achtet werden, daß das sich an dem tiefsten Punkt
ansammelnde Kondenswasser abgeleitet werden kann.

Jedes Entgegenströmen von Wasser gegen den
Dampf verursacht sogenannte Wasserschläge, das
sind starke Geräusche, welche infolge der plötzlichen
Kondensation einer größeren Dampfmenge durch
die Berührung des Dampfes mit dem Wasser entstehen

Die Einführung des Dampfes in die Heizkörper
erfolgt am oberen Teil, die Abführung des Kondenswassers an dem unteren Ende desselben.

Das Regulieren der Dampfzuführung und dadurch
die Wärmeabgabe erfolgt stets durch ein Ventil,
welches in der Dampfleitung eingeschaltet ist.

Jeder Heizkörper erhält auch am Austritt des
Kondenswassers ein Abschlußorgan.

Wird die Kondenswasserleitung geschlossen ausgeführt, das Kondenswasser also durch diese Leitung
hochgedrückt, um zur Speisung der Dampfkessel wieder
verwende zu werden, so erhält dieselbe am Ende einen
Kondenstopf, welcher nur dem Wasser nicht aber dem
Dampfe den Austritt gestattet. Derselbe öffnet
sich automatisch, sobald er mit Wasser bis zu einer
gewissen Höhe angefüllt ist, und schließt sich wieder
automatisch, sobald das Wasser abgeführt und Dampf
in diesen Topf eintritt.

Fig. 66 und 67 stellen zwei Kondenstöpfe dar,
und zwar ist Fig. 66 ein Schwimmertopf und dessen
Einrichtung kurz folgende:

Sobald der Topf sich mit Kondenswasser angefüllt hat, läuft dasselbe in den offenen Schwimmer,
wodurch derselbe sich senkt und das Ventil öffnet,
durch welches das Wasser in der Pfeilrichtung her-
ausgedrückt wird. Ist der Schwimmer leer, so hebt
er sich und verschließt das Ventil, so daß niemals
Dampf entweichen kann.

Fig. 67 ist ein Kondenswasserableiter mit Röhren-
feder, welche mit einer Flüssigkeit gefüllt ist, die
anfängt zu sieden, sobald Dampf in den Apparat eintritt. Die Feder wird hierdurch ausgedehnt und verschließt das Ventil.

Die Kondenstöpfe werden stets an den tiefsten
Punkten der Systeme angeordnet, und es ist vorteilhaft, nicht zu viele Heizkörper zu einem System
zu vereinigen und öfters
einen Kondenstopf zur An-
wendung zu bringen, weil
hierdurch ein ruhiger Be-
trieb gewährleistet ist. Wird
hinter diesen Kondenstöpfen

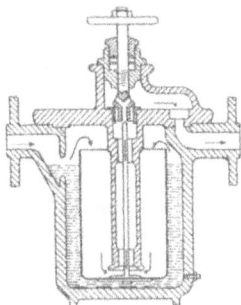

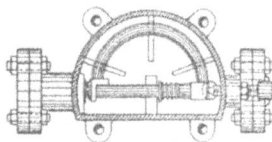

Fig. 66.   Fig. 67.

ein Rückschlagventil eingebaut, so kann das Wasser
durch den in der Leitung herrschenden Druck hochgedrückt werden, um durch besondere Rückspeiseappa-
rate dem Dampfkessel als Speisewasser wieder zugeführt zu werden.

In derartigen Anlagen werden als Abschlußorgane
für den Kondenswasseraustritt an den Heizkörpern entweder solche Absperrventile wie
beim Dampfeintritt verwendet, oder es finden
selbsttätige Rückschlagventile Anwendung,
welche nur den Austritt des Kondenspro-
duktes gestatten, aber nicht den rückwär-
tigen Eintritt des Dampfes oder des Kon-
densproduktes aus der Rohrleitung im abge-
stellten Zustande des Heizkörpers.

Jeder Heizkörper muß ferner mit einer Entlüftungsvorrichtung versehen sein, um bei Eintritt des Dampfes die in dem Körper eingeschlossene Luft entfernen zu können.

Ein selbsttätiges Entlüftungsventil, welches
sich für Hochdruckdampf eignet, ist in Fig. 68
gezeichnet.

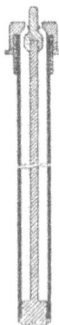

Fig. 68.

Es besteht aus einem Eisenrohr, in welchem mit einem Ende ein Messingstab befestigt ist. Durch die größere Ausdehnung des Messingstabes verschließt derselbe die Ventilöffnung, sobald der Dampf eintritt und den Stab erwärmt.

Zuverlässiger arbeiten aber die Entlüftungsventile, welche mit einem Thermostat versehen und mit einer Ausdehnungsflüssigkeit gefüllt sind. Derartige Ventile sind in Fig. 69 und 70 gezeichnet. Die Abbildungen zeigen die Lz.-Entlüftungs-ventile der Lorenz-Wärme-technik.

Eine andere Ausführungs-art der Dampfheizungen wird so durchgeführt, daß die Kondenswasserleitung nicht unter Druck steht, sondern das Kondenswasser aus der Leitung frei abfließt, größten-teils in eine Sammelgrube, von wo aus es dann durch Pumpe dem Kessel als Speise-wasser wieder zugeführt wird. In solchen Fällen erhält jeder Heizkörper einen Dampfwas-serableiter, welcher gleich-zeitig als Entlüfter dient.

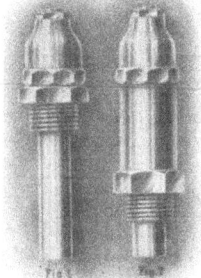

Fig. 69.   Fig. 70.

Beim Anstellen des Heizkörpers durch Öffnen des Dampfventils wird zuerst die Luft durch den Ab-leiter in die Kondensleitung gedrückt, sodann folgt das sich im Heizkörper bildende Niederschlagwasser. Sobald Dampf in den Ableiter eintritt, schließt derselbe ab, so daß kein Dampf in die Kondensleitung eintritt.

Eine nähere Beschreibung dieser Dampfwasser-ableiter ist im Kapitel Niederdruckdampfheizung ent-halten, S. 76.

Über die Wärmeabgabe der Heizkörper sowie über die Weiten der Rohranschlüsse an die Heiz-körper verschiedener Größen geben die Tabellen auf Seite 130 u. 131 Aufschluß.

Kombinierte Dampfheizung.

In Fabrikanlagen mit Hochdruckdampfheizung will man oft für einzelne Räume — Bureau etc. — eine milde Wärme erzeugen, und da die Hochdruckdampfheizung eine verhältnismäßig sehr intensive Wärme abgibt, so vermindert man diese durch Verbindung derselben mit der Wasserheizung, indem man die Dampfheizkörper teilwelse mit Wasser füllt und dieses Wasser durch zugeführten Dampf erwärmt. Es ist hier-

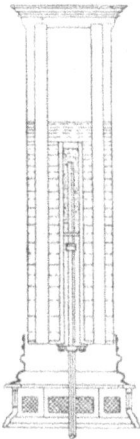 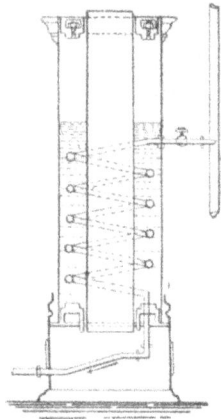

Fig. 71.   Fig. 72.

durch ein weiterer Nachteil der Dampfheizung, nämlich die geringe Wärmeaufspeicherung, vermieden, und sind somit die Vorteile der Warmwasserheizung mit denen der Dampfheizung verbunden.

Die Fig. 71—72 stellen einige Dampfwasserheizöfen dar.

Der Dampf wird stets in einer geschlossenen Abteilung oder in einer Spirale durch das Wasser, niemals direkt in das zu erwärmende Heizwasser geleitet, weil hierdurch größere Geräusche entstehen würden.

Im übrigen ist die Anordnung und Ausführung der Dampfwasserheizung genau dieselbe wie die der Hochdruckdampfheizung.

Abdampfheizung.

Abdampfheizung kommt da zur Anwendung, wo von einer . Betriebsmaschine der Auspuffdampf nutzbar gemacht werden soll. Größtenteils ist dies

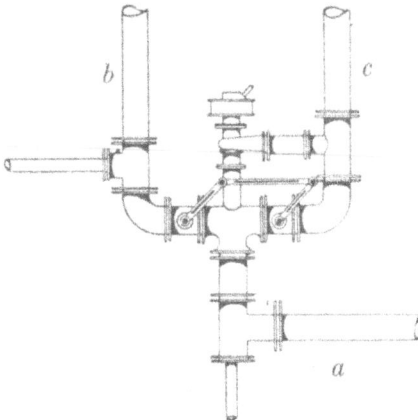

Fig. 73.

der Fall bei Fabrikanlagen, Beheizung von Fabriksälen usw., und ist dort natürlich die billigste Anlage. Von der Dampfmaschine, welche dem Heizsystem den erforderlichen Dampf liefert, führt das Ausblaserohr gewöhnlich erst in einen Umschaltapparat, welcher je nach Ausführung der Anlage verschieden ist. In Fig. 73 ist der einfachste derartiger Apparate dargestellt. Derselbe besteht aus einem T-Stück mit zwei eingebauten Drosselklappen, welche so miteinander verbunden sind, daß beim Öffnen der einen Klappe sich die andere schließt. Bei *a* ist der Eintritt des Auspuffdampfes der Maschine,

Abzweig *b* führt in die Heizleitung und der Abzweig
c führt in das Ausblaserohr ins Freie.

Wird nun die Heizung in Betrieb gesetzt, so
werden die Verschlußklappen so gestellt, daß die
Öffnung *c* verschlossen ist, während die Öffnung *b*
geöffnet ist. Ist ein geringerer Wärmebedarf in der
Heizleitung erforderlich, so können die Klappen auch
so gestellt werden, daß nur ein Teil des Abstoß-

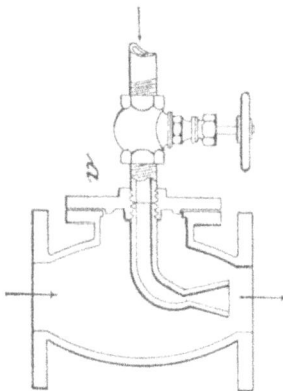

Fig. 74.

dampfes in die Heizleitung, der überflüssige Teil
dagegen ins Freie strömt.

In die Leitung zwischen der Maschine und dem
Umschaltapparat wird noch ein Sicherheitsventil eingebaut, welches sich bei einem geringen Überdruck
öffnet, damit der Gegendruck auf den Kolben der
Maschine möglichst gering wird.

Ist eine Abdampfheizungsanlage sehr ausgedehnt,
so reicht oft der Abdampf der Maschine zur genügenden Erwärmung nicht aus, und es wird gewöhnlich
hinter dem Umschaltapparat noch eine Vorrichtung
angebracht, Hochdruckdampf mit dem Abdampf zu
vermischen. Ein solcher Zumischapparat ist in Fig. 74
dargestellt.

An den Stutzen *a* des Zumischapparates wird
die Hochdruckdampfleitung angeschlossen. Dieselbe
wird mit einem Abstellventil versehen, um das Quantum
des zugemischten Hochdruckdampfes jederzeit regulieren zu können. Eine weitere Ausführungsform der Abdampfheizung ist die, welche eine Verbindung zwischen

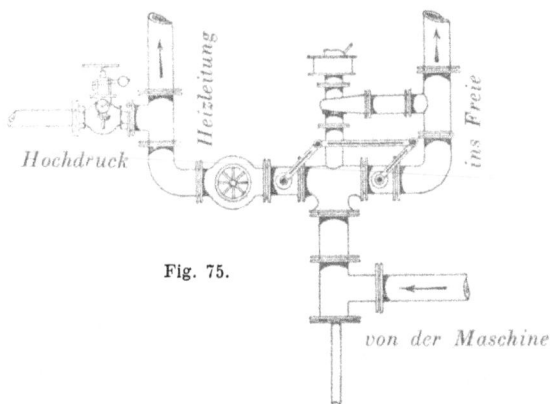

Fig. 75.

Abdampfheizung und Hochdruckdampfheizung ermöglicht. Es ist hierzu die in Fig. 75 dargestellte
Reguliervorrichtung erforderlich.

Die Wirkungsweise und Handhabung dieser Reguliervorrichtung ist folgende:

Von dem Maschinenzylinder führt das Auspuff-
dampfrohr nach dem Umschaltapparat. Hier sind
zwei Umschaltklappen vorhanden, durch welche man
den Dampf entweder direkt ins Freie auspuffen läßt,
sobald nicht geheizt wird, oder durch welche man den
Dampf ganz oder teilweise in die Heizung überleitet.
Der Dampf wird nunmehr in Hauptleitungen in die
einzelnen Abteilungen des Gebäudes geführt, verteilt
sich hier in die Heizstränge, und das sich bildende

Kondenswasser wird durch Kondenstöpfe abgeleitet
und nach einem Sammelbrunnen in der Nähe des
Maschinenhauses geführt, von wo es wieder zum
Speisen der Kessel verwendet wird.

Wenn nun jeder Raum abstellbar ist und beliebig
reguliert wird, so würde beim Abstellen verschiedener
Räume ein Gegendruck auf den Kolben des Zylinders
entstehen. Um dieses vollständig zu vermeiden, ist
an dem Umschaltapparat ein Sicherheitsventil angebracht, welches bei der geringsten Belastung des
Kolbens durch Gegendruck in der Heizung sich öffnet
und den überschüssigen Dampf, welcher in der Heizung nicht mehr gebraucht wird, durch das Auspuff-
rohr ins Freie entweichen läßt.

Durch das Hauptabsperrventil kann das Dampfrohr von der Maschine vollständig abgeschlossen
und durch ein Reduzierventil reduzierter Hochdruckdampf in die Heizung eingelassen werden.

Das sich bildende Kondenswasser läuft durch
die Kondenstöpfe selbsttätig ab, während keinerlei
Dampf irgendwo verloren gehen kann, so daß die Heizung als reduzierte Hochdruckdampfheizung vollständig ökonomisch und sparsam arbeitet.

Die ganze Handhabung des im Maschinenhause
anzubringenden Apparates ist äußerst einfach und
zuverlässig. Man hat es in der Hand, an kalten Tagen
früh morgens, bevor die Maschine in Tätigkeit gesetzt wird, die Räume mittels Hochdruckdampfheizung zu erwärmen und zur Aufrechterhaltung der
Wärme dann durch einfache Umstellung den von
den Maschinen abgehenden Dampf zu verwenden.

Während bei einfacher Abdampfheizung die Kon-
denswasserröhren offen sind, ohne weiteren Ver-
schluß, und nicht allein zur Abführung des sich bildenden Kondenswassers dienen, sondern auch den nicht
verbrauchten Abdampf ins Freie leiten, sind bei der
letztgenannten Anordnung Kondenstöpfe erforderlich,
welche zur Ableitung des sich bildenden Kondenswassers dienen, wie bei der Hochdruckdampfheizung.

In Fig. 76 ist die Anordnung dieser ganzen Anlage
schematisch dargestellt.

Die Anordnung der Rohrleitung entspricht im
übrigen genau der Ausführung der Hochdruckdampf-

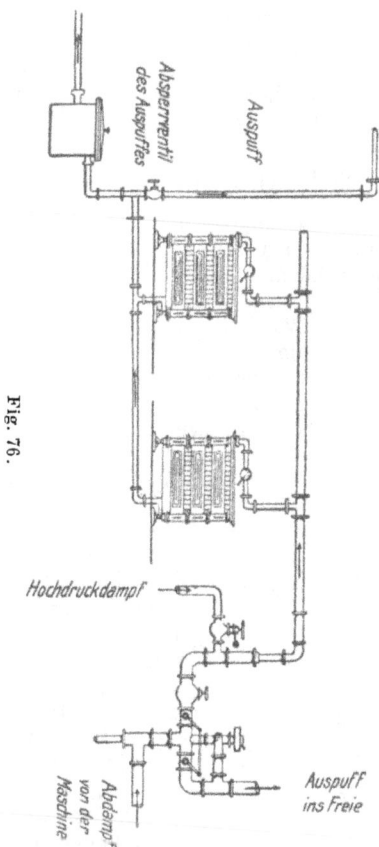

Fig. 76.

heizung; es ist ebenfalls genügend für die Längenausdehnung der Röhren Sorge zu tragen, und sind hierzu
die stopfbüchsenartigen Verbindungen am meisten zu
empfehlen, weil es sich bei den Abdampfheizungen größtenteils um ziemlich weite Rohrleitungen handelt.

Auch als Niederdruckdampfheizung kann natürlich die Abdampfheizung ausgeführt werden, wenn
das Druckverminderungsventil für die Zumischung
von Frischdampf so gebaut ist, daß es den Druck
bis auf 0,10 Atm. herabmindert und bei höherem
Druck selbsttätig abschließt.

Niederdruckdampfheizung.

Die Hochdruckdampfheizung hat vielerlei Nach-
teile im Gefolge; da dieselbe von dem Vorhandensein
eines Hochdruckdampfkessels abhängig ist, so ist
deren Anwendung auch eine beschränktere.

Die intensive Wärmeabgabe der Heizkörper wird
oftmals unangenehm empfunden, und mußte deshalb
eine Abhilfe hierfür getroffen werden, indem man
Dampfwasserheizkörper konstruierte; auch ist eine
Hochdruckdampfheizung niemals absolut geräuschlos-
los, und endlich erfordert eine solche infolge des in
dem System herrschenden höheren Druckes auch
öfters Reparaturen.

Die Niederdruckdampfheizung tritt nun als ver-
mittelndes Glied zwischen Hochdruckdampfheizung
und Warmwasserheizung und vereinigt die Vorteile
beider Systeme in sich, so daß die Niederdruckdampfheizung jetzt die am meisten ausgeführte Art der Zentralheizung ist. Es soll deshalb dieser Heizungsart
auch die größte Beachtung geschenkt werden.

Das Verdienst, die Niederdruckdampfheizung eingeführt zu haben, verdient unstreitig die Firma Bechem
& Post in Hagen, welche zuerst mit dem Prinzip an
die Öffentlichkeit trat.

Die Niederdruckdampfheizung, verschiedentlich
auch Wasserdunstheizung genannt, besteht im wesentlichen in folgendem:

In einem gegen die zu beheizenden Räume vertieft stehenden Kessel, welcher mit einem offenen
Standrohr von nicht mehr als 5 m Höhe versehen ist
(wodurch jede Explosionsgefahr vollständig ausge-
schlossen ist), wird Dampf bis zu höchstens ¼ Atm.
Spannung und dementsprechend niederer Temperatur
erzeugt. Dieser Dampf wird durch verhältnismäßig
schwache, Rohrleitungen den in den Zimmern aufgestellten Heizkörpern zugeführt und gibt hier seine
Wärme an die umgebende Zimmerluft ab, indem er
kondensiert. Das sich bildende Kondenswasser läuft
wieder in den Kessel zurück, wo es von neuem in
Dampf verwandelt wird.

Die erste Ausführungsart der Niederdruckdampfheizung war nun derartig, daß von dem vertieft gegen die zu beheizenden Räume aufgestellten
Dampferzeuger die Dampfröhren in stark ansteigen-
der Richtung nach den Heizkörpern zu verlegt waren
und in die Heizkörper ohne jede weitere Absperrvorrichtung von unten eintraten. Das sich in den Heizkörpern bildende Kondensationswasser läuft bei dieser
Ausführungsart in derselben Rohrleitung wieder nach
dem Dampferzeuger zurück. Die Rohrleitungen müssen
hierbei einen entsprechenden großen Querschnitt
haben, weil das Kondenswasser in entgegengesetzter
Richtung des Dampfstromes nach dem Kessel zurückfließt; auch müssen sämtliche Biegungen in
runder schlanker Form ausgeführt werden, damit keine
Stauung eintreten kann. Horizontale Leitungen sind
gänzlich zu vermeiden. Werden derartige Ausführ-
rungen für große Ausdehnungen installiert, so ist
es erforderlich, die Hauptverteilungsleitung vom
Kessel aus möglichst hoch zu führen und von diesem
Punkte mit stetem Gefälle nach dem entferntesten
Teile zu legen und von dort eine Entwässerungs-
leitung für das Kondenswasser, getrennt von der
Dampfleitung, nach dem Kessel zurückzuführen.

Neuanlagen dieser Bauart werden wohl nicht mehr
ausgeführt, da es aber vorkommen kann, daß an alten
bestehenden Ausführungen Veränderungen oder Re-

paraturen vorzunehmen sind, so ist diese Ausführungsform nachstehend noch beschrieben.

In Fig. 77 und 78 sind zwei schematische Dar-
stellungen gezeichnet.

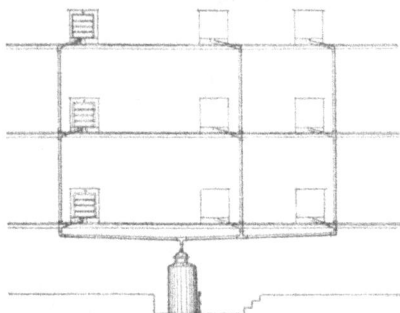

Fig. 77.

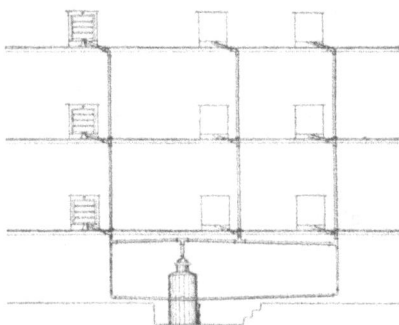

Fig. 78.

Die Regulierung der Wärmeabgabe der Heizkörper findet durch Isoliermäntel statt, welche aus
schlecht wärmeleitendem Material hergestellt sind,
den Heizkörper allseitig umschließen und nur an
ihrem unteren Ende offen sind; an ihrem oberen
Ende sind diese Mäntel mit einem Schieber versehen,

welcher von Hand geöffnet oder geschlossen wird. Ist
dieser Schieber geöffnet, so strömt am unteren Ende
des Mantels die kühle Luft des zu beheizenden Raumes
ein, und die erwärmte Luft entströmt durch die obere
Öffnung.

Es bildet also ein derartiger Isoliermantel gewissermaßen eine lokale Heizkammer einer Luftheizung.

Bei geschlossenem Schieber
hört der Luftumlauf und damit die Wärmeabgabe des
Heizkörpers auf. Ein derartiger Heizkörper mit Isoliermantel ist in Fig. 79 dargestellt. Der Heizkörper, welchem der Dampf an seinem
unteren Ende zugeführt wird,
erhält am oberen Ende ein
selbsttätiges Entlüftungsventil.

Die Isoliermäntel geben
aber in geschlossenem Zustande immer noch etwas Wärme
ab und findet hierdurch eine
gewisse Brennstoffverschwendung statt, ferner sind dieselben auch vom gesundheit-
lichen Standpunkt nicht einwandfrei, weil die allseitig geschlossenen Mäntel eine Ver-
staubung der Heizkörper nicht

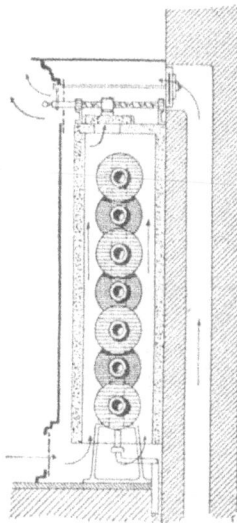

Fig. 79.

erkennen lassen und weil die-
selben sehr schwer abnehmbar sind, eine Reinigung
der eingeschlossenen Heizkörper daher außerordentlich erschweren.

Es wird deshalb die Regulierung durch Ventile
vorgezogen, und ist die Anordnung derartiger Anlagen in der Weise zu treffen, daß die Dampf- und
Kondenswasserleitungen voneinander getrennt sind.

Die Dampfrohrleitungen werden, wo es irgend
angängig, in dem Kellergeschoß verlegt, und zwar

in fallender Richtung mit dem Dampfstrome, damit
eine leichte Entwässerung stattfinden kann und hierdurch Geräusche vermieden werden (Fig. 80).

Die Kondenswasserleitungen werden nun je nach
dem Reguliersystem der ausführenden Fabrik entweder in gewissem Abstand von der Dampfrohrleitung über dem Kessel oder unter dem niedrigsten
Wasserspiegel des Kessels liegend angeordnet

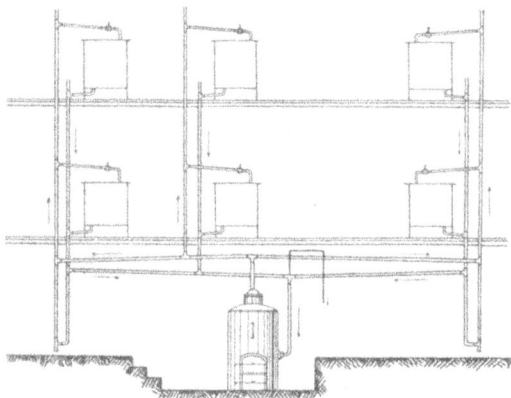

Fig. 80.

Man unterscheidet zweierlei Arten von Niederdruckdampfheizungen mit Ventilregulierung, und zwar
sog. offenes und sog. geschlossenes System.

Bei den offenen Systemen wird die in den Heizkörpern eingeschlossene Luft beim Anlassen der Heizkörper durch geeignete Vorrichtungen ins Freie geleitet, bei geschlossenen Systemen wird dieselbe
entweder in feste Gefäße oder in sog. Gasometer-
glocken verdrängt, von welchen sie dann beim Abstellen der einzelnen Heizkörper wieder in dieselben
zurückkehren soll.

Eine veraltete Ausführung der Regulierung mit
Ventilen ist die, daß der Dampfeintritt am oberen

Ende des Heizkörpers durch ein gewöhnliches Ventil abgestellt wird. In die Kondensleitung schaltet man ebenfalls ein Ventil ein, welches entweder ein Abstellventil oder ein selbsttätiges Rückschlagventil sein kann. Am unteren Ende des Heizkörpers ist eine Entlüftungsvorrichtung, selbsttätiges Entlüftungsventil oder Lufthahn angeordnet. Eine solche Heizkörpervorrichtung zeigt Fig. 81. Diese Anordnung sollte aber nur für ganz untergeordnete Räume zur Aus-

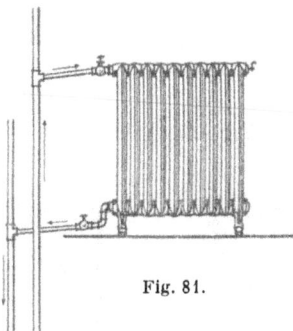

Fig. 81.

führung kommen, weil ein Einstellen des Heizkörpers auf eine bestimmte Wärmeabgabe nicht möglich ist und der Heizkörper auch Geräusch verursachen kann.

Eine andere Ausführungsart ist die: anstatt des in die Kondensleitung eingeschalteten Absperr- oder Rückschlagventils wird die Kondensleitung eines jeden einzelnen Heizkörpers bis nach dem Haupt-Kondenswassersammelrohr, welches unter den niedrigsten Wasserspiegel des Kessels verlegt ist, zurückgeführt oder, wo der entfernten Lage eines Heizkörpers wegen zu viele Rohrleitungen erforderlich werden sollten, unter dem Ofen eine Wasserschleife von der Höhe angeordnet, welche dem höchsten Druck im Kessel entspricht.

Diese Ausführungsform ist zuverlässiger als die
vorbeschriebene, da dieselbe weniger von der Bedienung oder von der Dichtigkeit des Ventils in der
Kondenswasserleitung abhangig ist.

Die Entlüftung des Heizkörpers erfolgt auch
hier durch ein Entlüftungsventil oder Lufthahn.

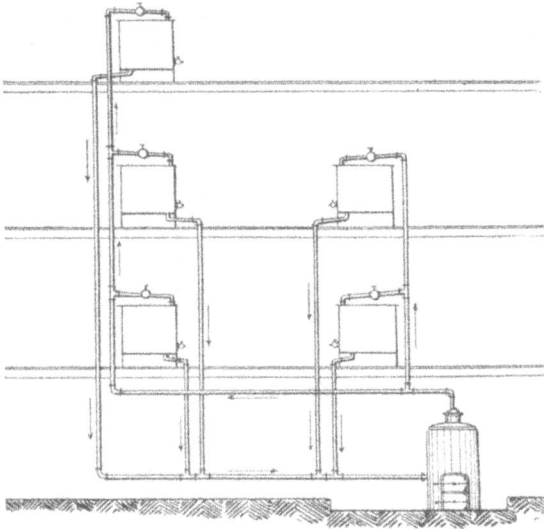

Fig. 82.

Eine derartige Anordnung ist in Fig. 82 dargestellt.

Zur Ausführung kommen derartige Anlagen wohl
nicht mehr.

Eine andere Art der sog. offenen Systeme beruht
auf dem Grundsatze, den Heizkörpern nicht mehr
Dampf zuzuführen, als in denselben kondensieren kann,
so daß in die Kondenswasserleitungen überhaupt
kein Dampf gelangt, sondern nur Wasser in denselben
abfließt.

Es sind deshalb die Abstellventile mit einem
besonderen Reguliermechanismus versehen, welcher
gestattet, die dem Heizkörper zuzuführende Dampfmenge genau einzuregulieren, ohne daß die Verstellung des Ventils mit dem Handrade irgendwelchen
Einfluß hierauf ausübt. Es kann also dem Heizkörper
bei sämtlichen Ventilen bei richtiger Einstellung nie

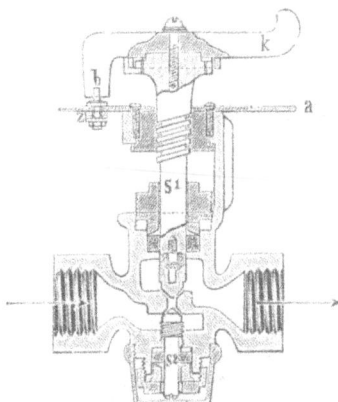

Fig. 83.

mehr Dampf zugeführt werden, als in denselben kondensieren kann.

Fig. 83 zeigt ein vielseitig angewendetes Regulierventil für Niederdruckdampfheizungen. Der Kegel
$S\,2$ dient zur Einstellung des Durchflusses der Dampfmenge. Nachdem die Einstellung erfolgt ist, wird
dieser Kegel mittels einer Kappe verschlossen. $S\,1$
dient zur An- und Abstellung des Heizkörpers und
kann unbeschadet der Einstellung von $S\,2$ vollständig
geöffnet oder geschlossen werden.

Diese Abbildung soll nur das Prinzip dieser
Ventile mit Voreinstellung erläutern, alle besonderen Ausführungsarten zu beschreiben würde zu weit
führen.

Ein anderes Abstellorgan zeigt Fig. 84. Es ist
dies ein Regulierhahn, wie derselbe sowohl für Warmwasserheizung wie auch für Niederdruckdampfheizung
angewendet wird. Durch Höher- oder Niederschrauben
des Kolbens wird die Durchflußmenge eingestellt.
Zur Vermeidung des Festsetzens der Abschlußkolben
werden dieselben federnd ausgeführt.

Die Kondensleitungen führen gleichzeitig die Luft
aus den Heizkörpern ab und dienen auch wieder

Fig. 84.

zur Belüftung der Heizkörper, wenn dieselben abgestellt werden. Wenn die Kondensleitungen bei dieser
Ausführungsart nun durch vollständig offene Luft-
röhren mit der Atmosphäre in Verbindung stehen, so
ist die Einregulierung der Dampfventile außerordentlich schwierig, weil beim geringsten Wechsel des Dampfdruckes im Kessel die Durchgangsgeschwindigkeit
des Dampfes durch das Ventil größer oder kleiner wird
und der Heizkörper leicht zu viel oder zu wenig Dampf
erhalten kann. Erhält der Heizkörper zu viel Dampf,
so gelangt derselbe in die Kondensleitungen und

verursacht hier durch seine Berührung mit dem Kondenswasser unangenehme Geräusche; erhält der Körper zu
wenig Dampf, so wird seine Wirkung nicht genügen.
Deshalb ist man dazu übergegangen, an den
Kondensleitungen sog. Dampfstauer anzuordnen, welche
ein Übertreten des Dampfes aus dem Heizkörper
verhindern, trotzdem derselbe vollständig mit Dampf
angefüllt ist. Diese Dampfstauer werden in Verbindung mit dem vorbeschriebenen Regulierventil
angewendet. Fig. 85 und 86 zeigen den Senfschen

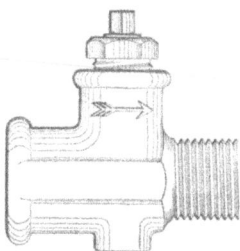 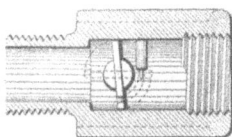

Fig. 85.   Fig. 86.

Dampfstauer, welcher aus einer mit einer kleinen
Öffnung versehenen Drosselklappe besteht. Diese
kleine Öffnung läßt nur das Wasser abfließen, und der
Dampf staut sich in dem Heizkörper an. Bei etwaigen
Verstopfungen kann die Drosselklappe geöffnet werden,
wodurch gleichzeitig die kleine Öffnung gereinigt resp.
durchstoßen wird.

Diese und ähnliche Apparate, welche nur den
Durchfluß stauen, werden mit Vorteil da angewendet, wo der Heizkörper noch mit einem Doppel-
regulierventil versehen ist, mit welchem die dem Heizkörper zugeführte Dampfmenge reguliert werden kann.

Durch den Einbau dieser Apparate, welche den
Durchfluß anstauen, kann jedoch die Entlüftung des
Heizkörpers nur langsam erfolgen und der Heizkörper
erwärmt sich infolgedessen auch nur langsam.

Vorteilhafter ist die Anwendung der Kondenswasserableiter, welche den Durchfluß für Luft und
Wasser vollständig offen halten und bei Eintritt von
Dampf völlig abschließen; sobald sich Kondenswasser
bildet, öffnet sich das Abschlußventil, das Wasser
kann ungehindert abfließen.

Diese Apparate arbeiten mit einem Thermostat,
welcher mit einer Ausdehnungsflüssigkeit gefüllt und
äußerst empfindlich gegen Temperaturschwankungen ist.

Die am meisten verbreiteten sind die von Samson
und die Lz.-Apparate der Lorenz-Wärmetechnik.

Die Abbildung Fig. 87 zeigt einen Lz.-Ableiter
im Schnitt.

Bei *a* ist der Eintritt der Luft, des Wassers und des
Dampfes, bei *b* der Abfluß, welcher mit der Kondens-

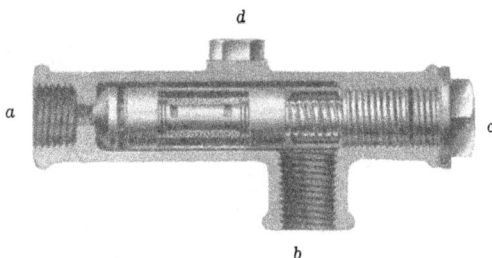

Fig. 87.

leitung verbunden wird. *c* ist die Verschlußschraube,
welche beim Einstellen abgenommen wird und *d*
ist die Prüfschraube. Die Fig. 88 bis 95 zeigen einige
Ausführungsformen dieser Dampfwasserableiter.

Der Ausdehnungskörper besteht aus einem dünn-
wandigen Federrohr, welches mit einer Ausdehnungsflüssigkeit gefüllt ist. Bei Eintritt des Dampfes in den
Apparat wird durch die Ausdehnung der Flüssigkeit
das Federrohr auseinandergezogen und der Ventilkegel gegen die Ventilöffnung gedrückt, der Apparat
verschließt dem Dampf den Weg. Sobald sich Kondenswasser ansammelt und die Ausdehnungsflüssigkeit

sich etwas abkühlt, wird durch eine Stahlspiralfeder
das Federrohr zwangsläufig zusammengezogen und
das Ventil hierdruch geöffnet, so daß das Kondenswasser frei abfließen kann. Diese Bauart kann für

Fig. 88. Fig. 89. Fig. 90.

Fig. 91. Fig. 92. Fig. 93.

LZ.-
Dampf-
wasser-

Fig. 94. Ableiter Fig. 95.
Fabrikat der Firma
Mannesmann-Röhrenlager G. m. b. H.
Köln a. Rh.

Niederdruckdampf wie für Hochdruckdampf in einer
Ausführung verwendet werden und arbeitet absolut
zuverlässig. Ein Einregulieren der Dampfventile ist
fast unnötig und erfolgt höchstens bei ausgedehnten
Anlagen, sofern die dem Kessel zunächst gelegenen
Heizkörper etwas abgedrosselt werden, damit die ent-
ferntstehenden in der Erwärmung nicht zurückbleiben.

Durch den Fortfall der Arbeit des Einregulierens wird erheblich an Montagezeit gespart.

Die Einstellung der Kondenswasserableiter ist äußerst einfach. Die Verschlußschraube bei C wird geöffnet und mittels Schraubenzieher die Patrone etwas zurückgedreht; sobald der Heizkörper vollständig erwärmt ist und Dampf durch den Ableiter durchbläst, wird die Patrone leicht festgedreht, so daß der Ventilkegel den Dampfeintritt abschließt. Der Apparat arbeitet sodann automatisch weiter. Zur Beobachtung ist während der Einstellung die Prüfschraube d (Fig. 87) zu öffnen. Diese Einstellung nimmt für jeden Apparat nur einige Minuten Zeit in Anspruch. Zu beachten ist jedoch, daß alle Heizkörper, bei denen die Ableiter noch nicht eingestellt sind, abgestellt sind, also keinen Dampf erhalten, weil sonst die Gefahr vorliegt, daß bei diesen Heizkörpern Dampf in die Kondensleitung eintritt, dieser dann rückwärts nach den Apparaten strömt, welche eingestellt werden sollen und hier zu Täuschung Veranlassung gibt. Wird aber ein Heizkörper nach dem anderen angestellt und der Ableiter eingestellt, so ist die Arbeit leicht, schnell und zuverlässig zu erledigen, ein Nachregulieren ist nicht erforderlich. Vorteilhaft ist es, während des Einstellens den Kesseldruck möglichst gleichmäßig zu halten.

An Zuverlässigkeit dauernd guten Funktionierens sind die Lz.-Apparate die vollkommensten. Das Erwärmen der Heizkörper erfolgt infolge der schnellen Entlüftung durch die große freie Ventilöffnung sehr rasch, infolge des absolut dichten Abschlusses beim Eintritt von Dampf ist jeder Übertritt von Dampf in die Kondensleitung verhindert. Die Einregulierung der Dampfventile ist nicht nötig; es wird wesentlich an Montagezeit gespart und die Anlagen arbeiten einwandfrei.

Um auch den verwöhntesten Ansprüchen Rechnung zu tragen und die Niederdruckdampfheizung der Warmwasserheizung näherzubringen, welche sich durch etwas mildere Wärmeabgabe infolge der ge-

ringeren Heizkörpertemperatur auszeichnet, wenden
verschiedene Konstrukteure sog. Dampfluftmischung
oder Luftumwälzung an. Es wird hierbei erzielt,
daß ein gewisser Teil der Luft in dem Heizkörper
verbleibt, welcher sich mit dem Dampfe vermischt
und hierdurch dem Heizkörper eine verhältnismäßig

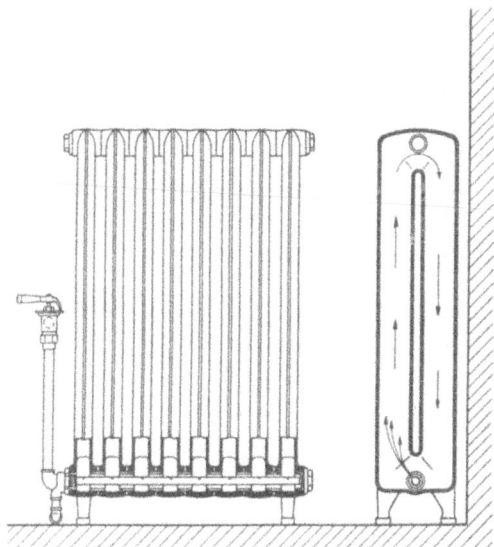

Fig. 96.

niedrigere Oberflächentemperatur gibt, wodurch eine
mildere Wärmeabgabe erreicht wird.

Fig. 96 zeigt einen Radiator mit Luftumwälzung.

Die Niederdruckdampfheizungen können ohne
behördliche Konzession ausgeführt werden, und zwar
sind dieselben insofern den behördlichen Bedingungen
über die Anlegung von Dampfkesseln nicht unterworfen, weil dieselben als einfache Kochkessel be-

trachtet werden. Sie müssen jedoch mit einer gesetzlich vorgeschriebenen Sicherheitsvorrichtung versehen
sein. Dieselbe besteht in Deutschland nach § 12 der
allgemeinen polizeilichen Bestimmungen über die Anlegung von Dampfkesseln in einem 8 cm weiten,

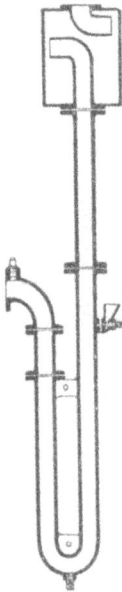

5 m hohen, aus dem Wasserraum des
Kessels führenden und unverschließbaren Standrohr.

In der Schweiz ist ein Standrohr von
75 mm l. Durchmesser, in Österreich ein
solches von 100 mm l. Durchm. vorge-
schrieben. Für Preußen, Württemberg,
Baden sind noch verschiedene Stand-
rohrausführungen zulässig, von denen
in Fig. 97, 98 und 99 einige dargestellt

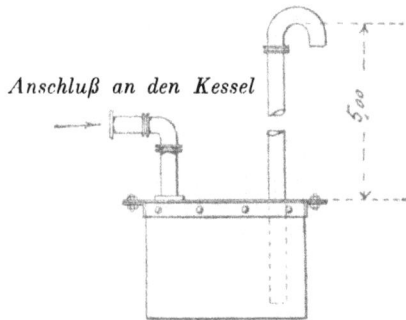

Anschluß an den Kessel

Fig. 97.   Fig. 98.

sind. Für die erforderlichen Durchmesser gilt die folgende Tabelle:

Kesselgröße in qm	1	2	3	4	5	6	7,5	8,5	10	11,5	13	über 13
lichter Durchmesser in mm	25	30	35	40	45	50	55	60	65	70	75	80

In der Praxis werden der Einfachheit halber
größtenteils nur zwei Größen von Standrohren ausgeführt, und zwar für Kessel bis zu 6 qm Heizfläche
mit einer Weite von 50 mm und für die größeren
Kessel mit einer Weite von 80 mm.

Für die Rohrleitungen bei Niederdruckdampfheizungen gilt dasselbe, wie bei der Warmwasserheizung

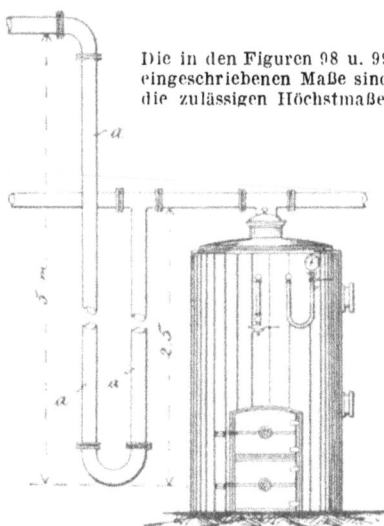

Die in den Figuren 98 u. 99
eingeschriebenen Maße sind
die zulässigen Höchstmaße.

Fig. 99.

und Hochdruckdampfheizung auf Seite 27 und 30
ausführlich beschrieben.

Eine besondere Art der Dampfheizung bildet
die sog. Vakuumheizung. Die Vakuumheizung
ist eine Unterdruckdampfheizung, die bei künst-
licher Haltung eines geringen Vakuums in der Kondensleitung einen Anfangsdampfdruck nur in Höhe
oder sogar unterhalb des atmosphärischen Druckes
erfordert. Dieselbe eignet sich besonders, da sie eine
Betriebskraft erfordert, für Abdampfheizungen oder

in Verbindung mit Kondensationsdampfmaschinen.
Der geringste schädliche Gegendruck auf die Maschine
ist vollständig und mit Sicherheit zu vermeiden.
Eine schematische Darstellung zeigt Fig. 100.

Diese Anlagen sind Spezialsysteme einiger Firmen,
welche ihre Monteure mit genauen Anweisungen versehen.

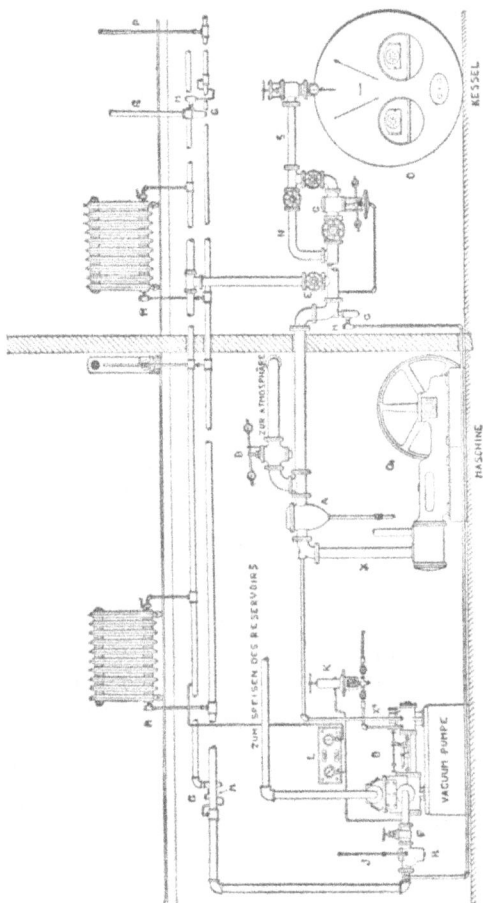

Fig. 100.

5. Heizkessel.

Als Heizkessel werden aussschließlich solche verwendet, welche mit Schüttfeuerung versehen sind, weil hierdurch die Bedienung bedeutend vereinfacht ist. Die Schüttfeuerungen befinden sich zum größten Teil im Innern der Kessel, wobei das Feuer zum Teil

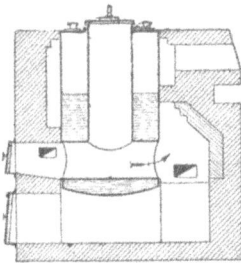 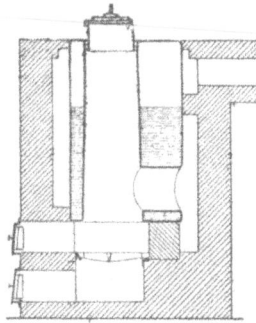

Fig. 101.   Fig. 102.

an den Kesselwandungen anliegt und hierdurch eine bedeutende Wärmeaufnahme erfolgt.

Die einfachste und älteste Kesselkonstruktion ist der sogenannte Querrohrkessel, und ist derselbe in Fig. 101 dargestellt. Dieser Kessel besitzt keinen Rost, sondern das Feuer brennt direkt in dem querliegenden Feuerrohr. Die Leistungsfähigkeit dieser Kessel ist nicht sehr groß, und die Bedienung, besonders das Abräumen von Schlacke und Asche aus dem Feuerraume, schwierig und umständlich. Man hat deshalb dieses System dahin verbessert, daß das Querrohr

6*

nicht flachliegend durch den Kessel geht, sondern
dasselbe T-Form besitzt, dessen unteres Ende durch
einen Rost abgeschlossen ist. In Fig. 102 ist ein solcher
Kessel dargestellt. Der besseren Wärmeausnutzung

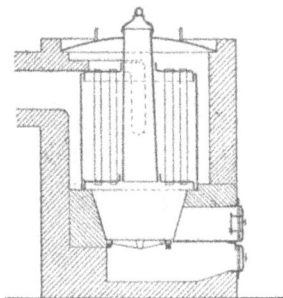

Fig. 103.

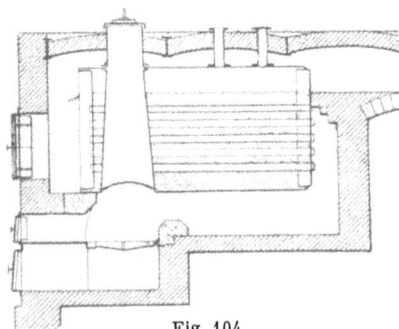

Fig. 104.

Fig. 104 zeigt einen liegenden Röhrenkessel mit durch den Mantel
gehenden Füllschacht. Die Siederöhren sind zu beiden Seiten des
Füllschachtes angeordnet. Die Feuerung ist untergemauert.

halber hat man aber verschiedene Röhrenkessel konstruiert, welche liegend oder stehend angeordnet
werden und entweder mit oder ohne Einmauerung
ihre Aufstellung finden. Die Fig. 103 bis 105 zeigen die
verbreitetsten Konstruktionen.

Bei den Kesseln, welche eingemauert werden
müssen, hat der Monteur die Arbeiten der Maurer
gewissenhaft zu überwachen, denn alle Fehler, welche

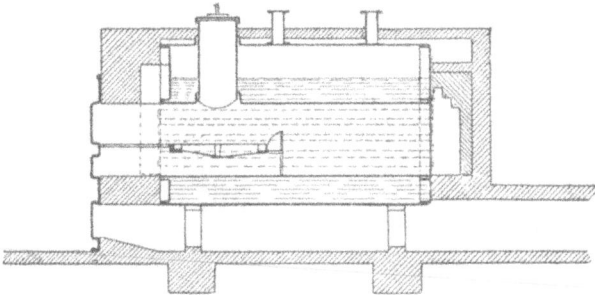

Fig. 105.

Fig. 105 ist ebenfalls ein liegender Röhrenkessel mit horizon-
talem Flammenrohr, ähnlich wie die Cornwallkessel. In das
Flammenrohr, in welchem ein Rost eingebaut ist, mündet ein
Füllschacht ein.

die Maurer verschulden, werden gewöhnlich der
Heizungsfirma zur Last gelegt, und entstehen sehr
häufig hieraus unliebsame Differenzen.

Es ist deshalb in dem Ab-
schnitt »Montage« auch der Maurerarbeiten Erwähnung getan.

Freistehende schmiedeeiserne
Röhrenkessel haben sich ausge-
zeichnet bewährt, die Leistung ist
sehr gut, die Aufstellung einfach.
Fig. 106 ist ein freistehender
Röhrenkessel mit zentralem Füllschacht und Mantelfeuerbüchse.

Seit Jahren haben sich in
steigendem Maße gußeiserne Kessel eingeführt. Diese bestehen aus
einzelnen Gliedern, welche in verschiedener Weise miteinander verbunden werden. Größtenteils wer-

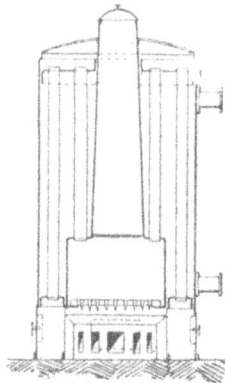

Fig. 106.

den die Gliederkessel fertig zusammenmontiert geliefert,
neuere Konstruktionen, welche ein leichtes Zusammenbauen ermöglichen, werden auch in einzelnen Gliedern
geliefert, und dies erleichtert den Transport außerordentlich.

Man unterscheidet bei den gußeisernen Gliederkesseln zwei Grundtypen, und zwar solche mit oberem
Abbrand und solche mit unterem Abbrand. Die Abbildungen zeigen in Fig. 107 und 108 die beiden ersten

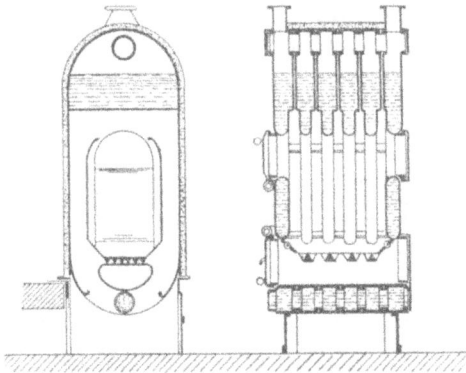

Fig. 107.

Konstruktionen jedes Typs, den Strebelkessel und
den Schramms-Caloria-Kessel.

Nach diesen Typen sind nun eine ganze Menge
Konstruktionen gußeiserner Gliederkessel entstan-
den, die alle zu beschreiben zu weit führen würde.

Selbst für sehr ausgedehnte Anlagen werden jetzt
gußeiserne Großkessel gebaut, welche dann in Batterien
aufgestellt werden. Da diese Kessel stets in einzelnen
Gliedern transportiert werden müssen, so wird im
nachstehenden das Zusammenbauen dieser Kessel
näher behandelt.

Der Standort für den Kessel muß vollkommen
eben sein, etwa unter dem Kessel abführende Rauch-

kanäle fertig gemauert und ausgeputzt. Vorteilhaft
ist es, die Glieder auf zwei starke ⫡-Eisenschienen
zu stellen, wodurch jede Unebenheit des Bodens aus-
geglichen wird, wenn der betr. Kessel nicht einen besonderen Untersatz hat.

Zunächst wird das hintere Endglied aufgestellt und
die Rippen- resp. Dichtungsleisten mit einer dünnen
Auflage der mitgelieferten Kittmasse versehen.

Dann bestreiche man die ausgefrästen Bohrungen
des Gliedes mit Mennige und stecke die Nippel ein,

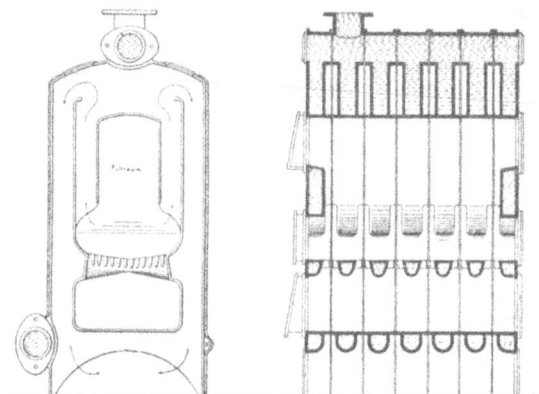

Fig. 108.

die vorher ebenfalls mit Mennige bestrichen werden
müssen. Damit die Nippel nicht herausfallen, werden
dieselben mit einem Holzhammer leicht eingetrieben,
wobei zu beachten ist, daß die Nippel genau gerade
sitzen.

Hierauf nimmt man ein Mittelglied und schiebt es,
nachdem auch dessen ausgefräste Bohrungen mit
Mennige bestrichen sind und man sich überzeugt hat,
daß Bohrungen und Nippel genau zueinander passen,
behutsam auf die Nippel des ersten Kesselgliedes.
Nun werden beide Glieder mittels des Preßwerkzeuges

fest gegeneinandergezogen. Das Anziehen hat durchaus gleichmäßig zu erfolgen, so daß die Glieder stets parallel zueinander stehen. Der zwischen den Rippen herausgepreßte Kitt wird mit einem langen Spachtel glatt angestrichen. Nachdem nun das Auftragen von Kitte auf die Rippen und das Einschmieren und Einsetzen der Nippel erfolgt ist, setzt man das nächste Mittelglied in der vorher geschilderten Weise an. Es wird immer ein Glied nach dem andern angepreßt, bis zuletzt das vordere Endglied angesetzt wird. Hierauf werden die Ankerschrauben durch den Kessel gezogen.

Bei Kesseln mit Flanschenverbindung ist das Zusammenbauen bedeutend einfacher, es ist nur darauf zu achten, daß die Dichtungsscheiben genau auf den Dichtungsflächen aufliegen und alle Schrauben gleichmäßig angezogen werden.

Nachdem der Kessel zusammengebaut, werden die Garnituren (Feuertür usw.) angeschraubt, deren Rahmen ebenfalls mit Kittmasse vor dem Anschrauben zu bestreichen sind. Alsdann erfolgt das Anbringen der feinen Armaturen und der Rohrverbindungen. Die Putzdeckel für die Züge müssen mit Lehm eingelegt werden, nicht mit Kittmasse, weil diese zu fest brennt und sich die Deckel behufs Reinigung der Züge zu schwer lösen lassen.

Selbst bei guten Fabrikaten kann ein Springen der Glieder vorkommen und ist dies auf die verschiedensten Ursachen zurückzuführen, welche sich oft sehr schwer feststellen lassen. In den meisten Fällen liegen wohl Fehler in der Bedienung vor, z. B. Wassermangel bei Dampfheizung, aber auch Ansatz von Kesselstein, zu starker Schornsteinzug und hierdurch hervorgerufene Überspannung, sowie Einfrieren der Ausdehnungsleitung bei Warmwasserheizung können die Ursache bilden.

Die Reparaturfähigkeit eines gußeisernen Kessels ist natürlich gleich Null; ist ein Glied infolge Wassermangels oder sonstiger Umstände gesprungen, so bleibt nichts anderes übrig, als dasselbe völlig zu er-

neuern. Wassermangel bildet die größte Gefahr für
einen Kessel aus Gußeisen, denn hierdurch kann in
einem Augenblick der ganze Kessel unbrauchbar
werden. Es ist deshalb für eine sorgfältig ausgeführte
Alarmvorrichtung für das selbsttätige Melden zu
niedrigen Wasserstandes zu sorgen.

Aber auch durch unrichtig angeordnete Speise-
vorrichtungen kann ein Springen von Kesselgliedern
verursacht werden. Die Fülleitung soll niemals direkt
an den Kessel angeschlossen werden, weil sonst beim
plötzlichen Nachspeisen das kalte Wasser direkt in
die heißen Kesselglieder einströmt und hierdurch
Spannungen und Sprünge entstehen können. Der
Anschluß der Fülleitung hat deshalb stets in die Rück-
lauf- resp. Kondenswasserleitung zu erfolgen, damit
das nachgespeiste kalte Wasser sich vor Eintritt in
den Kessel erwärmen kann.

Bei stark kalkhaltigem Wasser ist die Anordnung
einer Regenwasserspeisung zu empfehlen. Es ist
eine Regenwassersammelgrube zu schaffen, welcher
das Regenwasser durch ein Kiesfilter zugeführt wird,
und aus welcher dann die Speisung mittels einer kleinen
Flügelpumpe erfolgt.

Da es aber vorkommt, daß ein Kessel durch die
Verwendung von kalkhaltigem Wasser schon stark
Kesselstein angesetzt hat, wodurch ebenfalls ein
Springen von Gliedern erfolgen kann, so ist im Kapitel
»Die kranke Heizung« beschrieben, in welcher Weise
der Ansatz von Kesselstein aus den Gliedern entfernt
werden kann.

Regulatoren.

Bei dem in den Niederdruckheizungen herrschenden niedrigen Drucke würde eine unausgesetzte Bedienung der Feuerstelle erforderlich sein, und wendet
man daher, um dieses zu vermeiden, Apparate zur
selbsttätigen Regulierung des Feuers an. Dieselben
basieren sämtlich auf dem Grundsatze, bei ansteigen-
dem Dampfdruck die Zuführung von frischer Luft

zur Verbrennung mehr oder weniger zu öffnen oder zu schließen, und hierdurch das Feuer zu dämpfen oder zu verstärken.

Da, wo eine wechselnde Beanspruchung der Heizung vorauszusehen ist, wendet man doppeltwirkende Apparate an, welche, sobald der Druck im Kessel die vorgeschriebene Höhe überschritten hat und die Luftzuführung zum Feuer abgeschlossen ist, einen Gegenzugkanal in den Schornstein oder in die Züge des Kessels öffnen, um hierdurch entweder die Zugwirkung des Schornsteins aufzuheben oder den Kessel direkt durch die eingeführte kalte Luft abzukühlen. Das letztere ist nicht rationell, weil diese Abkühlung stets einen Wärmeverlust bedeutet, welcher wieder ersetzt werden muß. Es genügt selbst den weitgehendsten Ansprüchen, Gegenzugluft in den Schornstein zu leiten und die Zugwirkung desselben auf das Feuer dadurch aufzuheben. In den Fig. 109—112 sind eine Anzahl der gebräuchlichsten Apparate dargestellt.

Fig. 109.

Fig. 109 zeigt einen Schwimm-Regulator doppelwirkend.

Die Aufstellung der Regulatoren muß stets so erfolgen, daß alle beweglichen Teile möglichst vor Beschädigungen durch Stoß oder Schmutz geschützt sind; auch vor der großen Einwirkung von Wärme sind die Apparate möglichst zu schützen.

Ferner ist bei Regulatoren mit Quecksilberfüllung darauf zu achten, daß dieses flüssige Material nicht aussickert. Freistehende schmiedeeiserne und gußeiserne Kessel erhalten die Regulatoren direkt angebaut, so daß Kessel-Regulator und Armatur ein zusammenhängendes Ganzes bilden.

Außer dem Regulator erhält jeder Kessel für Niederdruckdampfheizung noch die folgenden Armaturteile:
1 Wasserstandsanzeiger zur Erkennung des Wasserstandes,
1 Manometer zur Erkennung des Dampfdruckes,

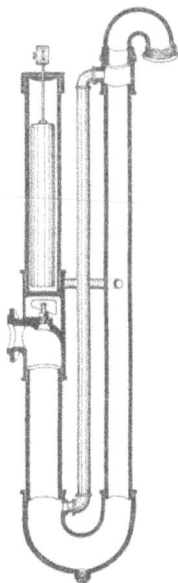 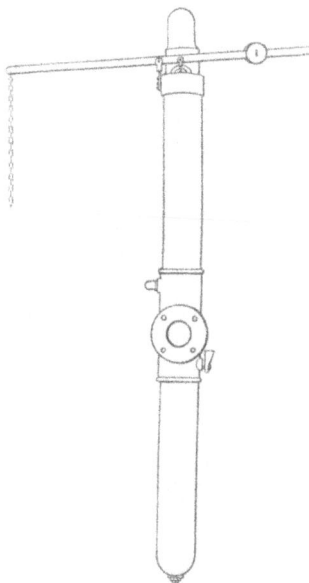

Fig. 110.   Fig. 111.

1 Entleerungshahn zum Ablassen, und in den
meisten Fällen auch
1 Sicherheitsventil, welches, im Falle der auto-
matische Regulator einmal den Dienst versagt,
bei Übersteigung der normal festgesetzten Dampf-
spannung abbläst und hierdurch das sogenannte
Überkochen durch das gesetzlich vorgeschriebene
Standrohr verhindert,

1 Alarmsignal für die Erkennung des zu niedrigen
  Wasserstandes, welches in einfachster Weise wie
  S. 92 in Fig. 113 ausgeführt wird.

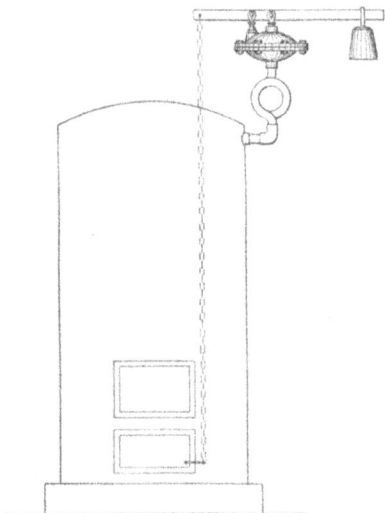

Fig. 112.
Fig. 112 ist ein einfacher Membranen-Regulator,
welcher bei großer Energie absolute Zuverlässigkeit besitzt.

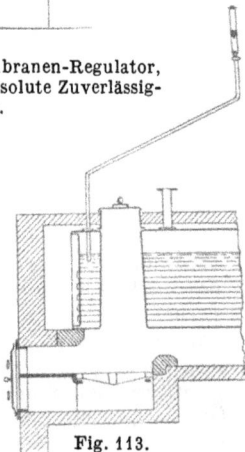

Alarmsignal-Einrichtung
für die Erkennung des zu
niedrigen Wasserstandes.

Fig. 113.

Brennstoffsparer.

Die Brennstoffnot und die hohen Preise des Heizmateriales haben dazu geführt, überall auf größte Sparsamkeit im Betriebe der Heizanlagen bedacht zu sein. Es ist oftmals mit der Wärme ziemlich verschwenderisch umgegangen worden, und besonders in Privathäusern sind teilweise im Interesse einer leichten Bedienung die Kessel reichlich groß zur Anwendung gekommen. Da wo nur ein Kessel zur Aufstellung gelangt ist, mußte derselbe natürlich für

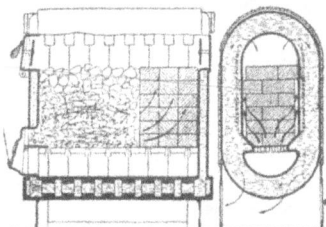

Fig. 114.   Fig. 115.

Längs- und Querschnitt eines Gliederkessels
mit Evaporator-Kokssparer.

die erforderliche Höchstleistung, welche gewöhnlich für —20° C berechnet war, ausreichend sein. Für die mittlere Wintertemperatur ist ein solcher Kessel natürlich zu groß und muß unwirtschaftlich arbeiten.

Besonders bei langen gußeisernen Gliederkesseln tritt dies in Erscheinung, es wird bei gelinder Witterung nur dem vorderen Teil des Feuers Beachtung geschenkt und im hinteren Teil bleiben Schlacken und Asche liegen, wodurch kalte Nebenluft in den Feuerraum einströmt, den Kessel abkühlt und eine Brennstoffverschwendung herbeiführt. Diese Übelstände haben dazu geführt, Brennstoffsparer zu konstruieren, welche darin bestehen, eine Verkleinerung der Rostfläche und des Füll- und Verbrennungsraumes herbeizuführen bei gleichbleibender Heizfläche.

Fig. 114 und 115 zeigt einen Evaporator-Kokssparer der Deutschen Evaporator Aktien-Gesellschaft
Berlin, in einem Strebelkessel eingebaut.

Wie zu erkennen, ist der Einsatz aus drei Schichten von je 6 übereinandergebauten Schamotte-
steinlagen zusammengebaut, die ungefähr Glied-
breite besitzen und ohne Mörtel fugenlos und im Ver-
band zusammengesetzt sind. Die unteren Steine
sind dem Rost angepaßt, während zwischen den
nach oben folgenden Steinen und den seitlichen
inneren Kesselwänden ein Zwischenraum gelassen
ist, um den Heizgasen auch ein Abziehen durch die
hinteren Rauchzüge zu ermöglichen. (Die einge-
zeichneten Pfeile lassen den Zug der Heizgase erkennen.) Mit dem mitgelieferten Reinigungshaken
lassen sich die Zwischenräume von Schlacken und
Asche freihalten. Die obersten Steinlagen einer
jeden Schicht sind auf beiden Seiten abwechselnd
an die Kesselwand herangeführt, um ein Umkippen
des Schamotteeinsatzes zu verhüten. Das Einsetzen
der einzelnen Steine erfolgt mittels einer dazu konstruierten Zange, die gleichfalls mitgeliefert wird,
durch die vordere, bzw. obere Füllöffnung des Kessels innerhalb weniger Stunden. Schadhafte Steine
können auf die gleiche Weise leicht ausgewechselt
werden. Vermöge der schichtweisen Anordnung des
Schamotteeinsatzes läßt sich der Füllraum des Kessels durch Herausnehmen oder Einsetzen einzelner
Schichten beliebig vergrößern oder verkleinern. Es
sind mit diesem Einsatz bis zu 30% Koksersparnis
erzielt worden.

Ähnlich dem Evaporator-Sparer ist auch der
Sparer von Ingenieur Kraus in München.

Diese Spareinsätze sind für alle Kesselarten sowohl für oberen wie für unteren Abbrand verwendbar.

Um nun in bequemer Weise die Rost- und Feuer-
fläche dem jeweiligen Bedürfnis anpassen zu können,
hat das Strebelwerk eine verstellbare Feuerbrücke
konstruiert, deren Einstellung in einfachster Weise

dem jeweiligen Erfordernis angepaßt werden kann und
die für die verminderte Heizfläche den gleichen Wir-
kungsgrad gewährleistet, der im uneingeschränkten
Betriebe zu erzielen ist.

Die innerhalb des Kessels leicht verschiebbare
Feuerbrücke verringert den Feuerraum auf das gewünschte Maß, schließt aber gleichzeitig die ab-
geschaltete Rostfläche von der Luftzufuhr ab. Die
aus feuerbeständigem Guß hergestellte Abschluß-
wand ist mit einer starken Schamotteplatte bekleidet und durch einen von Kesselaußenseite bedien-

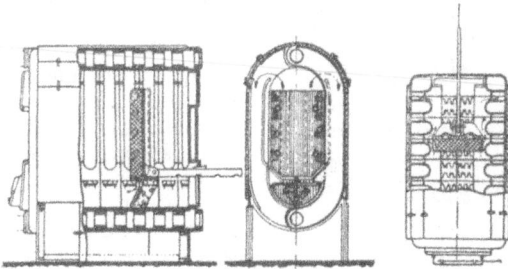

Fig. 116.

baren Hebel jeweils auf Mitte der Glieder einzustellen. Die Schamotteplatte ist seitlich mit nach
oben jalousieförmig ausmündenden Schlitzen versehen, welche den Feuergasen den Durchtritt nach
den abgeschalteten Heizflächen ermöglichen, um best-
möglichste Ausnutzung des Brennstoffes herbeizuführen und Spannungsunterschiede in den Kesselgliedern zu vermeiden.

Zwischen Schamottewand und Gußplatte sind
Sekundärluftkanäle vorgesehen, in welchen die durch
den Aschfall zugeführte Luft erwärmt und eine Nach-
verbrennung der namentlich bei Verwendung gashaltiger
Brennstoffe im Füllraum sich bildenden Gase herbei-
geführt wird.

Der Einbau der verstellbaren Feuerbrücke erfolgt durch die Bedienungstüren. Der Kessel braucht zu diesem Zweck nicht auseinandergenommen zu werden.

Aber auch die Verwendung von Ersatzbrennstoffen für den oft mangelnden Koks mußte ins Auge gefaßt werden. Ohne weiteres eigneten sich die Gliederkessel, welche für Koksfeuerung gebaut sind, nicht zur Verfeuerung von Braunkohlen, Briketts, Braunkohlen-, Holzabfällen usw. Es sind nun verschiedene Vorrichtungen geschaffen, die es ermöglichen, Ersatzbrennstoffe möglichst vorteilhaft zu verfeuern. Für die Strebelkokskessel hat das Strebelwerk den Jalousieeinlegerost konstruiert.

Fig. 117.

Diese in Fig. 117 abgebildete Einrichtung läßt sich ebensogut in bereits im Betrieb befindliche wie in neue Kessel der erwähnten Art auf einfachste Weise ohne besondere Vorarbeiten einbauen. Sie gestattet beste Ausnutzung und Dauerbrand (soweit solcher mit dem jeweiligen Brennstoff überhaupt möglich ist) bei Verfeuerung minderwertigen Brennstoffes.

Von fast allen Kesselwerken werden auch Sonderausführungen ihrer Kesseltypen für die Verfeuerung von Briketts-Braunkohlen usw ausgeführt. Näheres hierüber enthalten die Kataloge der Kesselwerke.

Gliederkessel in Schmiedeeisen und aus Stahlröhren hergestellt, werden von einer Anzahl Firmen ebenfalls geliefert. Dieselben sind für besondere Fälle empfehlenswert, z. B. bei stark wechselnder Beanspruchung, wo

die Gefahr des Platzens der gußeisernen Glieder vorliegt; bei Wasserheizungen für hohe Gebäude, wo ein
hoher Druck auf dem Kessel liegt, bieten die schmiede-

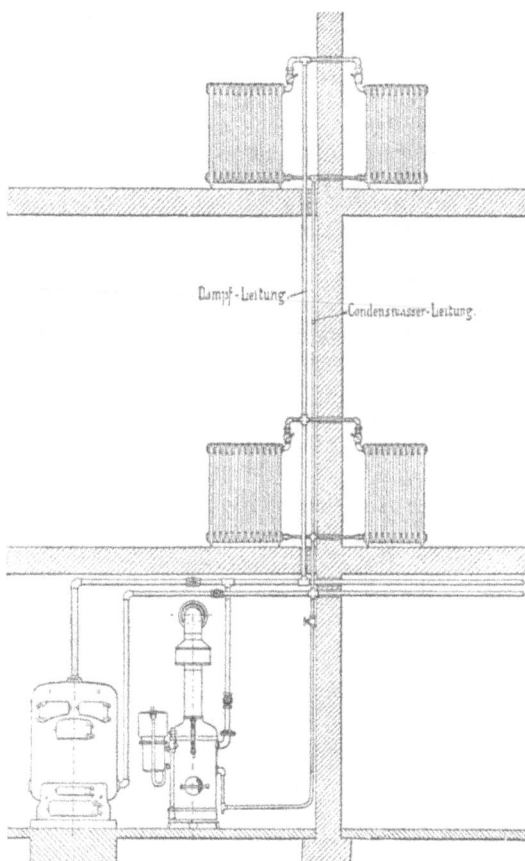

Fig. 118.
Der Askania-Heizkessel dient als Hilfsheizung für eine be-
stehende Niederdruckdampfheizung.

eisernen und Stahlrohrgliederkessel eine große Sicherheit gegen Defekte.

Zur Beheizung der Kessel mittels Gas sind verschiedenartige Brenner konstruiert, welche in die Kessel eingebaut werden. Auch für Ölfeuerung gibt es eine Anzahl Brennerkonstruktionen. Da diese jedoch stets von Spezialfirmen geliefert und eingebaut werden, würde es zu weit führen, näher hierauf einzugehen.

Nur einé Bauart, welche ausschließlich für Gasheizung konstruiert ist, muß noch erwähnt werden, es sind dies die A s k a n i a - H e i z k e s s e l. Dieselben werden oft mit Kesseln, welche mit festen Brennstoffen betrieben werden, zusammen verwendet, besonders als Hilfsheizung für die Übergangszeiten.

Die Abbildung Fig. 118 zeigt die Anwendung eines Askania-Dampfheizkessels als Hilfsheizung bei einer Niederdruckdampfheizung. Genaue Montagevorschriften werden von dem Fabrikanten gegeben.

6. Heizkörper.

Die nachstehenden Figuren zeigen die für Warmwasser-Dampfheizung und Niederdruckdampfheizung gebräuchlichsten und am meisten angewendeten Heizkörper. Fig. 119 zeigt die als Spiralen gewundenen

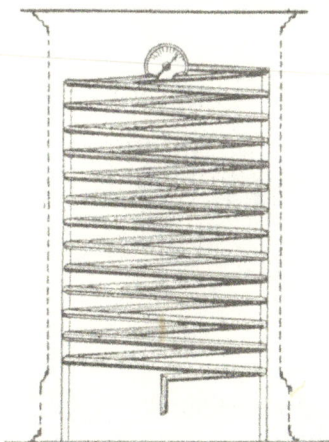

Fig. 119.

Röhrenheizkörper, welche je nach Größe und Heizfläche in verschiedenen Weiten, größtenteils 20 und 26 mm lichte Weite, hergestellt werden.

Fig. 120 zeigt Rippenheizkörper, welche hauptsächlich für Warmwasserheizung infolge ihres großen Hohlraumes da angewendet werden, wo auf langanhaltende Wärme großer Wert gelegt wird.

7*

Fig. 121 zeigt die für Hochdruck- und Niederdruckdampf gebräuchlichsten gußeisernen Rippenelemente.
Fig. 122 zeigt schmiedeeiserne Röhrenöfen, welche
aus zwei gußeisernen Endkasten bestehen, in deren
Wand geschweißte Röhren eingewalzt sind. Durch die
äußeren sichtbaren Röhren führen nochmals innere
Röhren, welche den Luftdurchzug gestatten, so daß

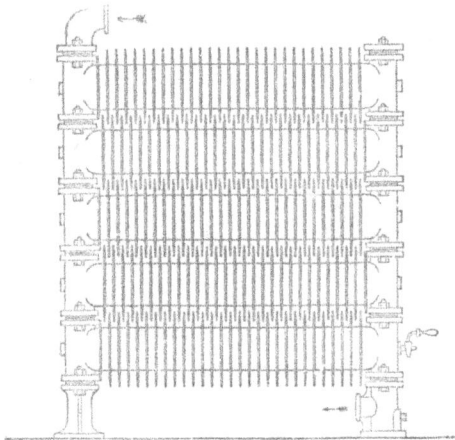

Fig. 120.

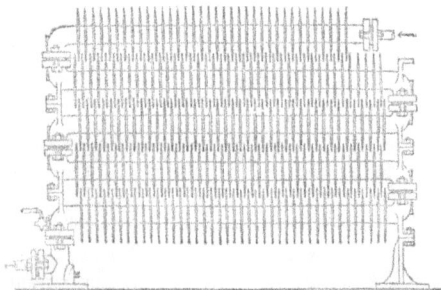

Fig. 121.

zwischen dem äußeren und inneren Rohr nur ein ring-
förmiger Kanal verbleibt. Diese Röhrenöfen werden
für alle Heizungsarten angewendet und haben eine gute
Wärmeabgabe.

Fig. 123 zeigt einen Zylinderofen, welcher entweder
mit einem weiten inneren Zylinder oder mit Röhren

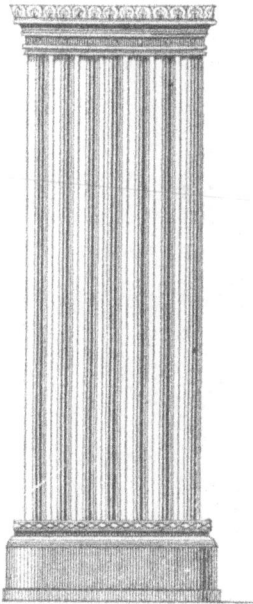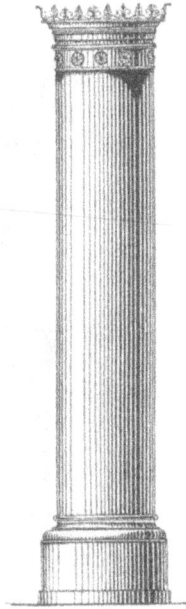

Fig. 122.   Fig. 123.

durchzogen ist, um hierdurch die Heizfläche zu vergrößern.

In Fig. 124 bis 130 sind Heizkörper dargestellt, welche
zuerst von Amerika eingeführt worden sind. Diese
Heizkörper, Radiatoren genannt, bestehen aus Schei-
benelementen, welche zu Batterien zusammengereiht,
einen Heizkörper bilden. Die aneinandergereihten

Scheibenelemente haben eine gute Wärmeabgabe und
werden mehr oder weniger mit aufgegossenen Verzie-
rungen versehen, um dieselben dem Auge gefälliger er-
scheinen zu lassen.

Hergestellt werden dieselben in verschiedenen Bau-
höhen und als einsäulige, zwei-, drei- und viersäulige

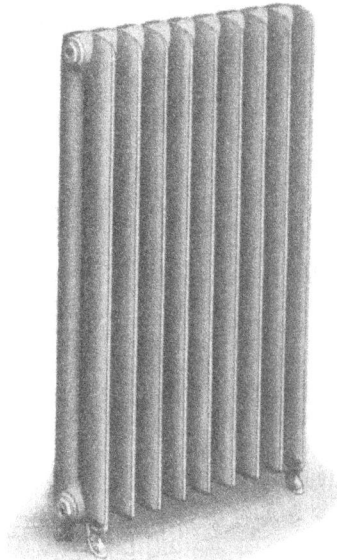

Fig. 124.

Glieder, so daß jede Heizflächengröße zusammengebaut
werden kann.

Die neueren Bestrebungen gehen dahin, die Ra-
diatorenheizkörper möglichst leicht und mit sehr geringem Inhalt anzufertigen, wodurch ein schnelles Anheizen erreicht wird.

Fig. 126 bis 128 zeigen derartige Radiatoren des
Lollarwerkes.

Stahlrohr- und schmiedeeiserne Radiatoren werden ebenfalls von einer Anzahl Firmen hergestellt. Die selben zeichnen sich besonders durch leichtes Gewicht und dadurch leichten Transport und Montage sowie absolute Unzerbrechlichkeit und hohe Druckfestigkeit aus. Besonders der Stahlrohrradiator der Mannes-

Fig. 125.

mann-Röhrenwerke ist besonders leicht, hat hohe Wärmeabgabe und bietet größte Sicherheit gegen Defekte.

Sämtliche Heizkörper sollen von der Wand einen Abstand von 5 bis 6 cm haben. Bei kleinerem Abstand verringert sich nach den vielfach gemachten Beobachtungen die Wärmeabgabe der Heizflächen.

Werden Heizkörper an kalte Außenwände montiert,
so ist die Wand hinter denselben mit Pappe oder Asbest
zu isolieren, damit keine Wärme durch die Bestrahlung
der kalten Wand verloren geht. Besonders in Fensternischen ist hierauf zu achten, weil die Nischenwände

Buderus-Lollar-Radiator ,,Logana''

dreisäulig   viersäulig

Fig. 126.   Fig. 127.

gewöhnlich noch bedeutend schwächer sind und hierdurch ein viel größerer Wärmeverlust stattfindet.

Die Radiatoren werden auch mit einer Wärme-
schrankeinrichtung oder mit einem Glaskamineinsatz
geliefert. Besonders der letztere findet oft Anwendung,
weil man an kühlen Tagen und in der Übergangszeit
nicht die ganze Heizung in Betrieb zu nehmen hat, um
einzelne Zimmer zu temperieren.

Buderus-Lollar-Radiator ,,Logana'' fünfsäulig

Fig. 128.

Fig. 129.
Radiator, zweisäulig, mit Gas-
ofen, verzierte Ausführung.

Fig. 130.
Radiator, zweisäulig mit Wärme-
schrank, verzierte Ausführung.

Die Gaskamineinrichtung ist an eine Gasleitung anzuschließen, für den Abzug der Verbrennungsgase ist
durch Anschluß an einen Schornstein zu sorgen.

Heizkörperverkleidungen.

Die in Fig. 119 bis 121 dargestellten Heizkörper be-
dürfen in allen besseren Räumen einer Ummantelung,
der sog. Heizkörperverkleidungen, und werden bei der

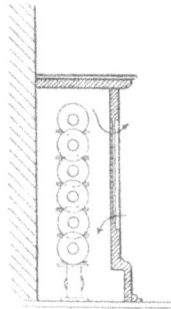

Fig. 131.   Fig. 132.

Anfertigung derartiger Verkleidungen oft so viele Fehler
gemacht, daß es wichtig ist, hierauf aufmerksam zu
machen.

Es werden oftmals Heizkörperverkleidungen ausgeführt, welche sowohl an ihrem unteren wie auch an
ihrem oberen Teile vollständig geschlossen sind, wie
z. B. in Fig. 131 und 132 dargestellt. Dieser Fehler wird
hauptsächlich dann gemacht, wenn die Heizkörperverkleidungen von dem Bautischler geliefert werden. Wie
soll nun aber aus einer solchen Verkleidung die von dem
Heizkörper entwickelte Wärme herauskommen, die Luft
steht in der Ummantelung vollständig still, unten kann
keine Luft hinein und oben kann keine Luft heraus. Es
findet also keinerlei Umlauf statt und kommt für die
Wärmeabgabe nur das Mittelgitter in Betracht.

Daß die Wärmeabgabe eines derartig eingehüllten Heizkörpers eine ganz minimale ist und selbstverständlich vollständig ungenügend für den zu beheizenden Raum sein muß, braucht wohl nicht weiter erörtert zu werden.

Es ist bei einer zweckentsprechenden Heizkörperverkleidung die Hauptsache, darauf zu sehen, daß zu dem ummantelten Heizkörper ein ungehinderter Luftkreislauf stattfinden kann. Die kältere Luft muß am Fußboden an den Heizkörper herantreten können, und

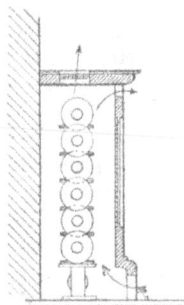

Fig. 133.   Fig. 134.

die erwärmte Luft oben aus dem Heizkörpermantel ungehindert austreten können. In Fig. 133 und 134 ist eine Verkleidungsform dargestellt, welche der Luftbewegung zu dem Heizkörper in keiner Weise hinderlich ist. Es ist Grundbedingung, die Verkleidungen an ihren tiefsten und an den höchsten Punkten mit genügend großen Ausschnitten zu versehen; die mittlere Vergitterung ist weniger von Bedeutung.

Vielfach wird verlangt, daß die obere Deckplatte nicht durchbrochen, sondern geschlossen bleibt, und sind in diesem Falle unter der Deckplatte möglichst große Öffnungen und Schlitze anzubringen. Die Verkleidungen sollen stets leicht abnehmbar eingerichtet werden, um jederzeit bequem an die dahinter befindlichen Heizkörper gelangen zu können.

Die neuerdings vielfach zur Anwendung kommenden
Ziergehänge behindern oftmals die Wärmeabgabe ganz
bedeutend, zumal wenn die Plättchen an der oberen Abdeckplatte dicht angehängt sind und diese Abdeckplatte
selbst keine Durchbrechungen hat. Es ist deshalb darauf zu achten, daß die Ziergehänge von der oberen Abdeckplatte genügenden Abstand haben, damit die erwärmte Luft ungehindert ausströmen kann.

Selbsttätige Temperaturregulierung.

Bei allen vorbeschriebenen Heizungsanlagen lassen
sich selbsttätige Temperaturregulatoren anbringen,
welche bei Wasser- und Dampfheizungen die Heizkörperventile der Zimmertemperatur entsprechend
öffnen oder schließen.

Man unterscheidet zwei Gruppen von Temperatur-
reglern, und zwar solche, welche ununterbrochen arbeiten, und solche, welche mit Unterbrechung in Tätigkeit treten.

Die ersteren benutzen die durch die Temperaturdifferenz hervorgerufene Ausdehnung von Flüssigkeiten,
welche auf die Abschlußorgane (Ventile) der Heizkörper
einwirkt, die andere Art benutzt Druckluft oder Elek-
trizität, welche durch einen entsprechend konstruierten
Thermostaten nach dem Regelungs- oder Abschlußorgan geleitet wird.

Die Wirkung des viel verbreiteten Apparates, des
Johnsonschen, ist in großen Zügen etwa folgende: »Die
zur Betätigung der Abschlußorgane (Ventile usw.) erforderliche Kraft wird durch Druckluft erzeugt, welche
mittels eines kleinen Kompressors, der durch die Haus-
wasserleitung betätigt, gewonnen wird. Dieser Kom-
pressor arbeitet vollkommen automatisch. Vom Kom-
pressor führt eine Luftleitung aus verzinktem Eisenrohr
von $^1/_8''$ bis $^3/_8''$ Durchmesser zu dem Thermostaten,
welcher dieselbe durch die Einwirkung einer Temperaturfeder nach den Heizkörperventilen leitet, sobald die eingestellte Raumtemperatur überschritten wird.

Die Heizkörperventile werden durch die Druckluft
so lange geschlossen gehalten, bis die Raumtemperatur
unter die gewünschte Höhe herabgeht; sodann steuert
die Temperaturfeder die Druckluftleitung selbsttätig
um, und das Heizkörperventil öffnet sich durch Feder-
kraft.

Der Apparat arbeitet bei Temperaturschwankungen
von $\frac{1}{4}$ bis. $\frac{1}{2}^0$ genau.

Die Anlage dieser Regler kann für einzelne Heizkörper wegen der erforderlichen Nebenapparate, Rohr-

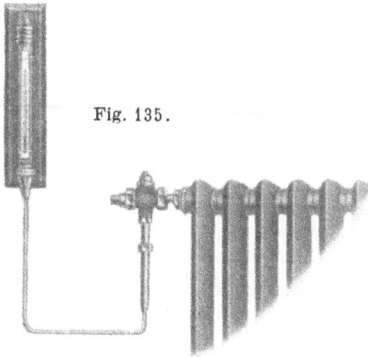

Fig. 135.

leitungen usw. niemals in Frage kommen. Dieselben
eignen sich eben nur für Sammelanlagen. Die Montierung dieser Regler wird daher auch wohl stets von
Spezialmonteuren ausgeführt.

Temperaturregler, welche an jedem Heizkörper angeordnet werden können, bestehen aus einem Wärmeaufnahmekörper, welcher mit einer gegen Temperaturschwankungen äußerst empfindlichen Flüssigkeit gefüllt sind. Ein äußerst empfindliches Arbeitsorgan
(Thermostat) wird durch die, infolge der Temperaturschwankungen erfolgende Volumenänderung der Ausdehnungsflüssigkeit beeinflußt und öffnet oder schließt
das Heizkörperregulierventil, je nachdem die einge-

stellte Raumtemperatur erreicht oder unterschritten
wird. Die verlangte Raumtemperatur läßt sich durch
die am Wärmeaufnahmekörper befindliche Reguliervorrichtung in gewissen Grenzen einstellen.

Die Abbildung Fig. 135 zeigt den Lz.-Tem-
peraturregler, welcher sich durch absolute Zuverlässigkeit auszeichnet.

Der Thermostat dieses Reglers ist nach demselben
Prinzip gebaut, wie der Thermostat des Lz.-Kon-
denswasserableiters, welcher in Fig. 87, S. 76, abge-
bildet und beschrieben ist.

7. Warmwasserversorgungsanlagen.

Die Versorgung der Wohnung mit warmem Wasser hat in den letzten Jahren eine große Verbreitung gefunden und durch die vielen Annehmlichkeiten, welche damit verbunden sind, erfreuen sich die Warmwasserbereitungen großer Beliebtheit, so daß die Ausführung derartiger Anlagen immer häufiger werden wird.

Die Warmwasserbereitung wird nun entweder mit der Heizungsanlage verbunden oder selbständig für sich ausgeführt oder aber sowohl mit der Heizung verbunden, als auch mit selbständigem Wärmeerzeuger versehen.

Die einzelnen Teile einer Warmwasseranlage sind:

der Wärmeerzeuger (Kessel der Heizungsanlage oder besonderer Kessel);

der Warmwasserbehälter (Boiler), die Verbindungsleitung zwischen diesen beiden;

die Warmwasserverteilungsleitung mit den Zapfstellen.

Während früher als Warmwasserbehälter ein offenes, nur mit losem Deckel versehenes Gefäß verwendet wurde, welches am höchsten Punkt der Anlage seine Aufstellung fand, werden die neueren Anlagen stets mit allseitig geschlossenen Warmwasserbehältern ausgeführt, welche dann im Keller oder sonst in der Nähe des Wärmeerzeugers aufgestellt werden.

Warmwasserbereitungsanlagen mit offenem Warmwasserbehälter älterer Ausführungsart zeigen die Fig. 136 und 137.

Die Erwärmung des Wassers wird durch einen besonderen Kessel bewirkt, und zwar je nach der Beschaffenheit des Wassers entweder durch direkte Zirkulation oder indirekt durch eine in den Warmwasser-

behälter eingebaute Rohrschlange. Die Anordnung nach
Fig. 136 ist die folgende:

In K findet die Erwärmung statt; das erwärmte
Wasser strömt durch das obere Rohr von K nach dem
Behälter B. Das kühlere Wasser fließt durch das untere
Rohr nach K zurück. B^1 ist ein Füllgefäß, welches mit
Schwimmkugelhahn an die Wasserleitung angeschlossen
ist. Vor dem Schwimmkugelhahn ist noch ein Abstell-
ventil v eingebaut, um bei Reparaturen am Schwimm-

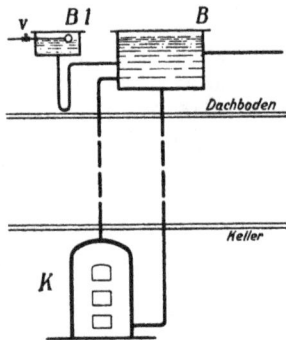

Fig. 136.

kugelhahn den Wasserzufluß absperren zu können. Bei
dieser Anordnung durchläuft das zu erwärmende Wasser
stets den Heizapparat K, und bei jeder Wasserentnahme
tritt neues Wasser hinzu. Bei gipshaltigem, hartem
Wasser würde daher der Heizapparat sehr bald ver-
schlammen und durch Kesselsteinansatz Schaden leiden.

Es ist deshalb in solchen Fällen die indirekte Erwärmung durch eingebaute Heizschlange anzuwenden, wie
solche in Fig. 137 dargestellt ist. Die Heizschlange ist
mit einem Füll- resp. Ausdehnungsgefäß versehen und
dient nun ein und dasselbe Wasser, welches die Schlange
durchläuft, zur Erwärmung des Inhaltes des Warmwasserbehälters.

Da die Anlagen mit offenem Warmwasserbehälter
mancherlei Übelstände besitzen, die hauptsächlich darin
bestehen, daß der gewöhnlich auf dem Dachboden auf-
gestellte Warmwasserbehälter niemals genügend gegen
Wärmeverluste geschützt werden kann und auch leicht
eine Verunreinigung des Wasserinhaltes vorkommen
kann, so werden, wie schon bemerkt, die neueren Anlagen mit geschlossenem Warmwasserbehälter ausgeführt. Dieser geschlossene Warmwasserbehälter —
Boiler genannt — wird nun nicht an der höchsten Stelle

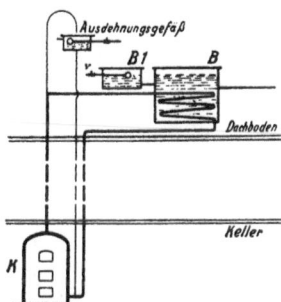

Fig. 137.

der ganzen Anlage aufgestellt, sondern in unmittelbarer
Nähe des Wärmeerzeugers. Die Erwärmung des Wasserinhaltes kann wiederum durch direkte Zirkulation oder
indirekt durch eine in den Boiler eingebaute Rohrschlange erfolgen.

Die Ausführung von Warmwasserbereitungsanlagen
mit geschlossenem Warmwasserbehälter sind in Fig. 138
und 139 dargestellt, und zwar zeigt Fig. 138 die direkte
Erwärmung des Wasserinhaltes während Fig. 139 die
indirekte Erwärmung mittels eingebauter Heizschlange
zeigt.

Da der Boiler an der tiefsten Stelle des ganzen
Systems angeordnet ist, so muß das warme Wasser
in die Verbrauchsleitung gedrückt werden. Es erfolgt
dies nun entweder durch ein über dem höchsten

Punkt aufgestelltes Reservoir mit Schwimmkugel oder durch direkten Anschluß an die städtische Wasserleitung. Wird der Boiler direkt an die städtische Wasserleitung angeschlossen, so ist erforderlich, in die Anschlußleitung ein Rückschlagventil einzubauen, damit Rückströmungen von heißem Wasser in die städtische Leitung vermieden werden. Da sich beim Erwärmen der Inhalt der ganzen Anlage ausdehnt, so ist ein Sicherheitsventil anzuordnen, welches verhindert, daß durch

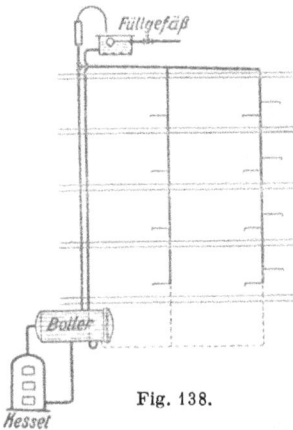

Fig. 138.

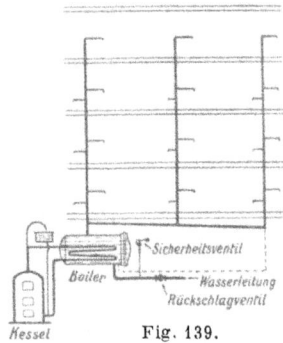

Fig. 139.

diese Ausdehnung ein übermäßiger Druck in dem System entstehen kann.

Der Kessel einer solchen Anlage ist stets mit einem Feuerzugregler zu versehen, um einer Überheizung vorzubeugen. Zur Kontrolle des Druckes ist ein Manometer an dem Boiler anzuordnen.

Diese Anlagen können nun ebenfalls mit jeder Art Zentralheizung verbunden werden, es ist nur für die Heizanlage eine besondere Heizschlange in den Boiler einzubauen oder die Heizschlange ist durch Ventile umschaltbar einzurichten.

Das Heizmittel kann sowohl Hochdruckdampf, Niederdruckdampf oder auch Warmwasser sein.

Um nun bei Dampfheizungen eine Überheizung des Boilers zu verhindern, werden selbsttätige Wassertemperaturregler angeordnet, welche das Heizmittel absperren, sobald die verlangte Wassertemperatur erreicht ist. Abbildung Fig. 140 zeigt den selbsttätigen Lz.-Wassertemperaturregler, welcher genau so gebaut ist wie der auf S. 109 beschriebene Raumtemperaturregler.

Der Regler läßt sich in den Grenzen von 30 bis 100°C einstellen, je nachdem die Temperatur des Wasser-

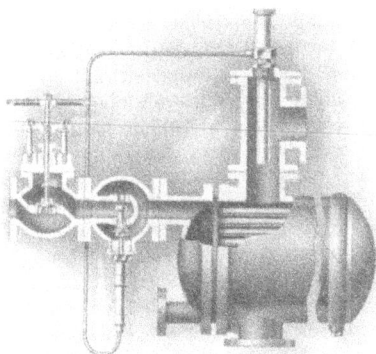

Fig. 140.

inhaltes des Warmwasserbehälters oder Boilers verlangt wird.

Die Boiler und Heizschlangen werden in der Regel verzinkt. Es hat sich aber gezeigt, daß diese Verzinkung oft keinen genügenden Schutz gegen Rostbildung bietet, da die bei der Erwärmung des Wassers freiwerdende Luft die Rostbildung ungemein fördert, und zwar ganz besonders an den Stellen, wo die Erwärmung stattfindet, also im Boiler. Man verwendet deshalb jetzt oft unverzinkte Boiler, welche im Innern mit einer gegen heißes Wasser widerstandsfähigen Glasurfarbe gestrichen werden.

8*

Der Boiler soll stes mit abschraubbarem Deckel versehen sein, wodurch eine leichte Reinigung des Boilers
ermöglicht ist. Bei der Montierung ist darauf zu achten,
daß der Deckel bequem geöffnet und die Heizschlange
je nach der Bauart ungehindert aus dem Boiler aus-
gezogen werden kann.

Die Warmwasserverteilungsleitung wird fast immer
aus verzinktem Eisenrohr gefertigt. Dieselbe besteht
aus einer Verteilungsleitung nebst Steigsträngen, welche
zu den einzelnen Zapfstellen führen. Wie bei der Warmwasserheizung wählt man nun sowohl obere als auch
untere Verteilung. Damit bei der Entnahme des warmen Wassers an den Zapfstellen sofort warmes Wasser
austritt, wird die Verteilungsleitung mit einer Zirkulation versehen, wodurch verhindert ist, daß sich das
Wasser in der Leitung abkühlen kann. Die Leitung
sowohl wie ganz besonders der Boiler sind selbstverständlich gut gegen Wärmeverluste zu isolieren. Die
Fig. 138 zeigt eine Warmwasserbereitung mit oberer
Verteilung, während Fig. 139 die untere Verteilung
schematisch darstellt. Bei dieser Abbildung ist gleichzeitig der direkte Anschluß an die städtische Wasserleitung gezeigt. Hierbei ist es stets erforderlich, die Erwärmung indirekt durch Heizschlange vorzunehmen,
da der Kessel durch den oft sehr hohen Druck der
Wasserleitung Schaden leiden könnte. Bei Anlagen,
welche direkt an städtische Leitungen angeschlossen
werden, ist auch ganz besondere Sorgfalt beim Montieren der Leitungen zu verwenden, damit Undichtigkeiten und hierdurch verursachte Wasserschäden vermieden werden. Die bestehenden örtlichen Vorschriften
sind zu beachten.

Betrifft Ausrüstung und Überwachung dampf-
beheizter Warmwasserbereiter.

I. Warmwasserbereiter, die im Anschluß an Nieder-
druckdampfkessel betrieben werden, und deren Heizdampf infolgedessen ½ Atmosphäre Überdruck nicht
überschreiten kann, sind von dem Geltungsbereich der
Dampffaßverordnung ausgenommen.

II. Wird der Heizdampf für Warmwasserbereiter
aus Dampfanlagen, deren Betriebsüberdruck mehr als
½ Atmosphäre betragen kann, entnommen, aber vor
Eintritt in den Warmwasserbereiter auf ½ Atmosphäre
oder darunter entspannt, so ist in sinngemäßer Anwendung des § 2 Ziff. 5 der Dampffaßverordnung durch
eine Abnahmeprüfung im Betriebe nachzuweisen, daß
der Überdruck des Heizdampfs im Warmwasserbereiter
½ Atmosphäre nicht übersteigen kann. Die Sicherung
gegen Überschreiten des zulässigen Druckes kann erfolgen:

a) durch ein offenes, nicht verschließbares Rohr oder
durch ein Standrohr mit Wasser- oder Quecksilberfüllung in der Dampfzuleitung. So ausgerüstete Warmwasserbereiter sind nach befriedigender Abnahmeprüfung von den Bestimmungen der Dampffaßverordnung befreit;

b) durch ein in die Dampfleitung eingebautes zu-
verlässiges Sicherheitsventil. Solche Apparate sind nach
befriedigender Abnahmeprüfung von der Anwendung
der Dampffaßverordnung befreit.

Dampfgeheizte Warmwasserbereiter, die mittelbar
(mittels Rohrschlangen oder dgl.) beheizt werden, müssen zur Verhütung unzulässiger Beanspruchung der
Wandungen infolge der Ausdehnung des sich erwärmenden Wassers am Wasserraum ein Sicherheitsventil mit
unmittelbarer Gewichtsbelastung und seitlichem Abfluß erhalten.

Alle Sicherheitsventile sind gegen unbefugte Änderung der Belastung zu schützen.

Für den unmittelbaren Anschluß von Warmwasser-
bereitern an Druckwasserleitungen sind die etwa bestehenden besonderen örtlichen Vorschriften zu beachten (siehe auch S. 116).

8. Badeeinrichtung.

Bei der Einrichtung von Badeanlagen ist die erste Frage der Wasserbeschaffung zu lösen, und wird man stets dort, wo nicht städtisches Leitungswasser unentgeltlich oder sehr billig zur Verfügung steht, Quellwasser benutzen oder Flußwasser mittels Filtration reinigen.

Benutzt man Quellwasser und der Betrieb der Badeanstalt erfolgt durch Hochdruckdampf, so ist zur Förderung desselben am besten ein Pulsometer zu verwenden, welcher automatisch arbeitet und weniger Reparaturen unterworfen ist als eine Pumpe irgendwelcher Konstruktion.

Die Wassermengen, welche für die einzelnen Arten von Bädern gebraucht werden, finden sich in nachstehender Zusammenstellung berechnet, und zwar gibt die Zusammenstellung den stündlichen Wasserverbrauch bei voller Benutzung der Anstalt an.

Es ist erforderlich:

für je 1 Wannenbad mit Spülung und Reinigung . . . . 500 bis 600 l
für je 1 Brause darüber . . . . 70 bis 100 l
für je 1 Brause im Schwimmbad . . . 300 bis 400 l
für jede Brause im Brauseraum . . . . 500 l
für jede Vollstrahl-, Mantel-, Sitz- oder Schlauchbrause . . . . 350 bis 450 l
für jede Brause in Volks- oder Mannschaftsbädern . . . . 300 l
für die stündliche Erneuerung des Schwimmbades je nach Größe $\frac{1}{25}$—$\frac{1}{40}$ des Inhaltes.

Aus der Anzahl der betreffenden Verbrauchsstellen ergibt sich dann durch einfache Multiplikation mit obigen Zahlen und Addition der verschiedenen Posten der stündliche Gesamtbedarf, welchem dann noch der Verbrauch an Dampf bei etwaiger direkter Wassererwärmung sowie gebotenenfalls das Wasser für Waschkücheneinrichtung, Klosetts, Pissoirs, Fontänen usw. zuzurechnen ist. Entsprechend der Größe der Badeanstalt werden die Wasserbehälter bemessen, und soll der Kaltwasserbehälter ca. 65% und der Warmwasserbehälter ca. 35% der gesamten stündlichen Wassermenge fassen.

Das Wasser wird in den Kaltwasserbehälter geleitet, und von diesem wird der Warmwasserbehälter durch Schwimmkugelhahn oder durch Rohrverbindung gespeist.

Die Erwärmung des Wassers findet nun, wenn der Betrieb der Badeanlage mittels Dampfes geschieht, durch Dampfstrahlwärmeapparate statt, welche die direkte Einführung des Dampfes in das zu erwärmende Wasser geräuschlos ermöglichen. Bei kleineren Badeanstalten erfolgt die Erwärmung häufig durch einen Warmwasserkessel, wie solches bereits unter dem Abschnitt »Warmwasserversorgungsanlagen« behandelt worden ist.

Auch mittels Niederdruckdampfkessels können kleinere und mittlere Badeanstalten vorteilhaft betrieben werden, und vor allen Dingen werden Volksbrausebäder fast ausschließlich mittels Niederdruckdampfes betrieben.

Für die verschiedenen Bäder und Baderäume sind die nachstehend verzeichneten Temperaturen maßgebend und ist darauf zu sehen, daß für sämtliche Baderäume eine ausreichende Ventilation zu schaffen ist.

a) Wasserwärme:

Wasser im Schwimmbassin   .   22 ⁰ C

Wasser zu den Brausen . . .   15 bis 28 ⁰ C

Wasser im Wannenbad . . .   25 » 35 ⁰ C

b) Raumwärme:

Flure . . . .   15 ⁰ C

An- und Auskleideräume . .   18 bis 20 ⁰ C

Ruheraum		22° C
Schwimmbad		20° C
Badezellen, Brauseräume		20 bis 25° C
Wasserbad	25 »	30° C
Dampfbad	45 »	50° C
Römisch-irisches Bad	45 »	65° C.

Für die Rohrleitungen zu Badeanstalten werden zu Kaltwasserleitungen in der Regel nur gußeiserne, schmiedeeiserne, Blei- oder Mantelrohre benutzt. Gußeiserne Rohre kommen hauptsächlich für die unter Fußboden belegenen Leitungen zur Verwendung, zuweilen auch für freigelegene, über 50 mm weite Leitungen. Diese Rohre werden asphaltiert und entweder mit Muffen oder mit Flanschenverbindungen verlegt; sie haben den Vorzug großer Dauerhaftigkeit. Für geringere Durchmesser als 50 mm werden verzinkte schmiedeeiserne Rohre, Blei- oder Mantelrohre angewendet, während schwarze schmiedeeiserne Rohre hierfür ungeeignet sind, da diese zu stark rosten und daher schnell zerstört werden; auch veranlassen sie, daß das Wasser sich gelb färbt. Verzinkte Rohre müssen außerordentlich sorgfältig verlegt werden. Geeignet ist auch Zinnrohr mit Bleimantel, bekannt unter dem Namen Mantelrohr, weil dieses die Qualität des Wassers nicht schädigt, was bei reinem Bleirohr dann vorkommen kann, wenn das Wasser weich und luftreich ist, durch welche Umstände eine Lösung des Bleies begünstigt wird.

Für die Leitung des warmen Wassers kommen gußeiserne, schmiedeeiserne, verzinkte oder Kupferrohre in Frage. In bezug auf das gußeiserne und schmiedeeiserne Rohr gilt das bereits vorher Gesagte. Am besten geeignet sind für Warmwasserleitungen kupferne Rohre, da sie von unbegrenzter Dauerhaftigkeit sind und auch die Qualität des Wassers nicht vermindern. Leider sind solche Leitungen sehr teuer, so daß sich ihre Verwendung der hohen Anlagekosten wegen in vielen Fällen verbietet. Bleirohre sind für Warmwasserleitungen nicht

zu empfehlen, weil sie schnell zerstört werden und
sich durchsacken und verbiegen. Es ist bei Anlage
von Warmwasserleitungen der Längenausdehnung Rechnung zu tragen; daher müssen Ausgleichsvorrichtungen
in Entfernungen von etwa je 30 m eingeschaltet werden.
Für die Leitung des Dampfes kommen lediglich
schwarze schmiedeeiserne Rohre in Frage.

Zur Abführung der Abwasser wendet man teils
Bleiabflußrohr, teils gußeisernes oder Tonrohr an.
Ersteres wird namentlich für Wasserverschlüsse (Si-
phons) und für kurze Leitungen bis 50 mm Durchmesser verwendet. Um Rohrbrüche infolge Setzens
der Mauer nach Möflichkeit auszuschließen, müssen
alle wagerechten, innerhalb des Gebäudes liegenden
Abflußleitungen in Gußrohr hergestellt werden, wohin-
gegen Tonrohr für die außerhalb liegenden verwendet
wird.

Nachstehend eine kleine Zusammenstellung über
die lichten Weiten der am meisten hier in Frage
kommenden Leitungen, und zwar:

a) Zuleitung für kaltes oder warmes Wasser bei
Zufluß vom Behälter aus

für 1 Badewanne	26	mm
für 2 bis 3 Badewannen	33	»
für 4 bis 5 Badewannen	39	»
für 6 bis 8 Badewannen	52	»
gemeinsamer Zugang von warmem und kaltem Wasser nach jeder Wanne .	33	»
für einen Vollstrahl.	26	»
für eine Brause über der Wanne . .	20	»
für jede große Brause oder sonstige Dusche	26 bis 33	»
für jedes Wasserklosett	20	»
für jede Zapfstelle	13 bis 20	»

b) Abflußleitungen

	bei senkrechter Leitung	bei wagrechter Leitung
für 1 oder mehrere Waschtoiletten . .	38 bis 50 mm	50 bis 65 mm
für 1 bis 2 Ausgüsse und Bäder	50 »	50 bis 56 »

für 2 bis 4 Bäder . .	65 mm	100 mm
für mehr als 4 Bäder .	100 »	130 »
für mehr als 1 bis 4 Wasserklosetts . .	100 »	100 bis 150 »
für Bodenauslässe in Duschenräumen oder Waschküchen . . .	100 »	100 »

Oftmals bestehen für die Abmessungen der Leitungen besondere örtliche Vorschriften, welche natürlich zu beachten sind.

Bei der Anlage von Abflußleitungen müssen in entsprechenden Entfernungen Reinigungsdeckel vorgesehen werden, damit man bei Verstopfungen die Leitungen bequem reinigen kann.

Was die Ausführungen der Badewannen anbetrifft, so werden diese teils aus Holz, Zink, Kupfer, emailliertem Gußeisen, Fayence und Marmor gefertigt oder auch aus Mauerwerk oder Beton hergestellt und mit Kacheln oder Fliesen bekleidet. Holzwannen und Kupferwannen kommen mehr für medizinische und Solbäder in Frage. Emaillierte Wannen leiden häufig an Abspringen der Emaille, während Zinkwannen leicht beschädigt werden. Am dauerhaftesten und schönsten sind Wannen aus Fayence und Marmor, doch sind diese reichlich teuer, so daß man sich mit Fliesen- oder Kachelwannen auszuhelfen sucht, welche bei sauberer Ausführung durchaus zweckmäßig und schön sind.

Die durchschnittliche Größe der Wannen ist oben gemessen 1,5 bis 1,8 m Länge, während die Breite am Kopfende 0,6 bis 0,9 m, am Fußende dagegen 0,4 bis 0,7 m beträgt; die lichte Wannenhöhe stellt sich auf etwa 0,6 bis 0,7 m.

Die Vollbäder zum Baden mehrerer Personen werden meist aus Beton mit Fliesen- oder Kachelbekleidung hergestellt und erhalten eine Länge von 1,8 bis 2,5 m, eine Breite von 0,8 bis 2,00 m und eine Wassertiefe bis zu 1,00 m.

Es sind dann noch die Reinigungsbäder sowie
die Sitzbäder (Bidets) zu erwähnen, deren Form und
Größe nach Belieben gemacht werden können.

Die Schwimmbassins werden zumeist aus Mauerwerk, in neuerer Zeit vielfach aus Beton nach dem
System Monier hergestellt; im Innern stets mit Fließen
ausgekleidet. Die Größe der Bassins richtet sich ganz
nach den örtlichen Bedürfnissen.

Um bei den Schwimmbädern das Wasser ständig
möglichst rein zu halten, wird während der Benutzung

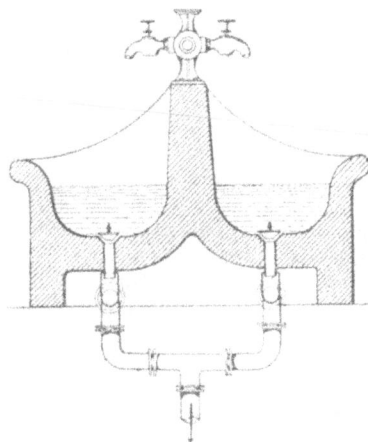

Fig. 141.

ohne Unterbrechung eine entsprechende Menge frischen
Wassers zugespeist; man bemißt die Menge des Zu-
flußwassers auf $1/_{25}$ bis $1/_{40}$ des Bassininhaltes.

Damit das Bassinwasser möglichst wenig be-
schmutzt werde, sollen bei jeder Schwimmhalle eine
Anzahl Reinigungsbäder angelegt werden, damit die
Badegäste vor dem Eintritt in das Bassin zunächst
eine körperliche Reinigung vornehmen. Aus Fig. 141
geht die Konstruktion solcher Reinigungsbäder oder
Waschständer hervor.

Zu den anderen Arten von Bädern übergehend,
folgt zuerst das Dampfbad. Wie schon vorher angegeben, soll dessen Temperatur 45 bis 50 ⁰ C betragen.
Dieser Wärmegrad wird meistens in der Weise hervor-
gebracht, daß man durch ein feingelochtes Kupferrohr frischen Kesseldampf in dem Raum unterhalb
der Ruhebänke ausströmen läßt. Durch Drosselung
des Dampfventils läßt sich die Temperatur leicht
regeln. Häufig wird auch außerdem noch ein besonderer Dampfofen aufgestellt, so groß, daß er für
sich allein imstande ist, eine Temperatur von etwa
30 ⁰ C zu erzeugen. Der einströmende frische Dampf
bringt dann die weitere Temperaturerhöhung hervor.

Als eine zweite Art dieser Klasse von Bädern
folgt das römisch-irische Bad oder Heißluftbad.
Es besteht im wesentlichen aus einem Warmluft-
raum von 45 bis 55 ⁰ C Innentemperatur und einem
Heißluftraum von 55 bis 65 ⁰ C Innentemperatur.
Die Erwärmung dieser Bäder erfolgt am einfachsten
durch Dampfheizung, und zwar soll sie als Boden-
heizung ausgebildet sein. Eine weitere Bedingung ist,
daß der Fußboden keinerlei Durchbrechungen oder
Gitterplatten erhält, durch welche Staub oder Schmutz
einfallen könnte. Auch muß der Fußboden jederzeit
sauber aufgewaschen werden können.

Die Wannenbäder werden fast stets so ausgeführt,
daß über jeder Wanne eine Brause zum Duschen mit
kaltem Wasser vorhanden ist.

Seltener werden in Badeanstalten Mischgarnituren
angewendet, welche Duschen mit temperiertem oder
warmem Wasser gestatten.

Der Durchgang der einzelnen Wannenleitungen
ist 20 mm ¾" im Lichten.

Die Dusch- oder Brausebäder, welche in letzterer
Zeit als Volks- und Mannschaftsbäder ausgeführt
sind, und denen in vielen Beziehungen unbedingt die
Zukunft gehört, bestehen aus einzelnen kleinen Zellen,
deren Wände aus Wellblech oder in Rabitz- oder
Monierkonstruktion hergestellt sind. Die Wände
reichen nicht bis zur Decke des Baderaumes und auch

nicht vollständig bis zum Fußboden, so daß sowohl
die Wärme, wie auch die Luft ungehinderten Zutritt
in jede einzelne Zelle hat. Der Fußboden ist gewöhnlich
aus Zement herzustellen und soll entweder zum Bade-

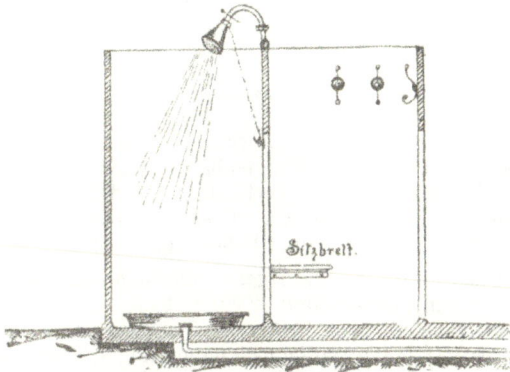

Fig. 142.

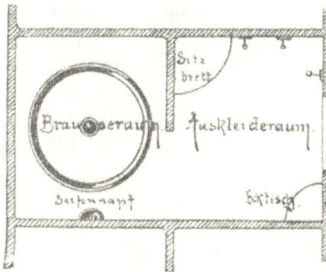

Fig. 143.

raum eine muldenförmige Vertiefung oder ein Becken
aus Zink o. dgl. Material erhalten, damit dem Baden-
den das Wasser bis zum Knöchel reicht. Die Brause
wird unter 45 ⁰ geneigt angeordnet und muß mittels
Kettenzuges geöffnet werden können. Die Temperatur des Duschenwassers soll durchschnittlich

35° C betragen. In den vorstehenden Fig. 142 und 143 ist eine Zelle dargestellt.

Die Leitungen zu den Brausen werden oberhalb der Wände verlegt und an diesen befestigt. Es kommen vorteilhaft hier nur verzinkte schmiedeeiserne Röhren zur Verwendung.

Privatbäder.

In größeren Wohnhäusern, in Villen und Landhäusern werden stets Wannenbäder eingerichtet, und diese können oftmals in Verbindung mit der Heizungsanlage hergestellt werden. Deshalb sollen dieselben hier kurze Erwähnung und Erläuterung finden.

Die Fig. 144 und 145 geben die Montierungsweise von Wannenbädern mit Zylinderbadeöfen an, und Fig. 145 zeigt einen Zylinderbadeofen, welcher auch gleichzeitig an die Dampfheizung mit angeschlossen ist, so daß im Winter die Erwärmung des Badewassers durch die Heizung und im Sommer durch Kohlenfeuerung erfolgt. Anstatt der Kohlenfeuerung können diese Zylinderbadeöfen auch mit Gasheizung ausgerüstet werden. Fig. 146 zeigt eine Badeeinrichtung und deren Montierungsweise mit Kaltwasserreservoir für

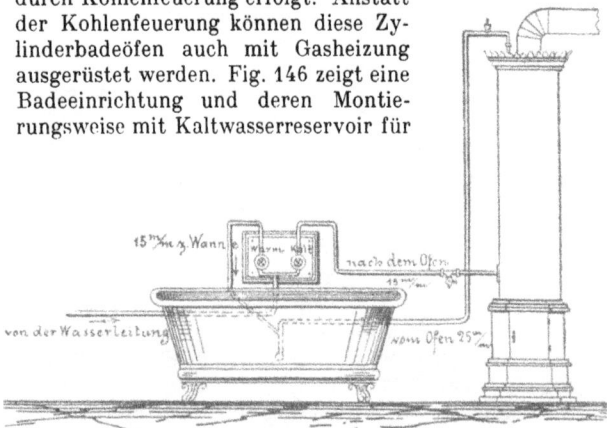

Fig. 144.

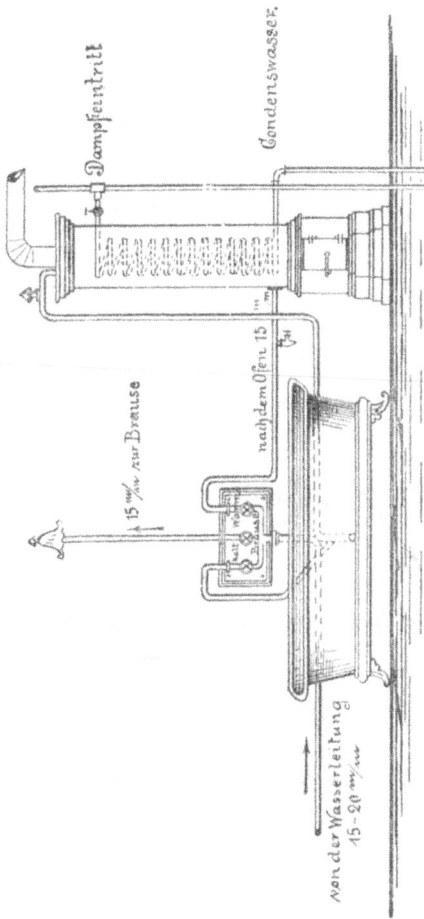

Fig. 145.

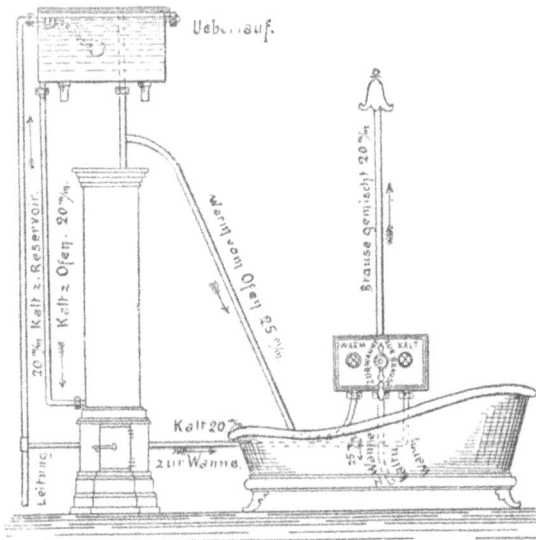

Fig. 146.

Orte, wo keine Wasserleitung vorhanden ist. Die Leitungen werden größtenteils aus Bleirohr hergestellt und müssen gut befestigt werden.

9. Tabellen.

Die Zahlen der nachstehenden Tabellen sollen nur bei vorkommenden Veränderungen dem Monteur einen Anhalt zur Kontrolle geben; keineswegs sind dieselben für das Projektieren von Heizungen berechnet.

a) Wärmebedarf.

Der Wärmebedarf eines Raumes richtet sich nicht nach dessen Größe (kubischem Inhalt), sondern nach den den Raum umgebenden abkühlenden Wänden, Fenstern, Türen, Fußböden, Decken.

Der Wärmebedarf beträgt pro Stunde und qm Fläche bei $+ 20^0$ C Zimmerwärme und bei $- 20^0$ C Außentemperatur für Wände:

Wandstärke in Zentimetern	13	25	38	51	77	90	
Außenwände a ..	96	68	52	44	32	26	Wärme-
b ..	106	75	57	48	35	29	einheiten
Innenwände 20⁰ Temperaturdifferenz	44	32	24	20	14	12	

Hierbei ist a geschützte Lage und b exponierte (Nord- und Ostseite) Lage angenommen.

	Fenster		Türen nach außen	Decken	Fuß- boden
	einfach	doppelt			
a	200	100	90	14	10
b	220	110	100		

Alle Wände, die zwischen geheizten Räumen liegen, werden nicht berücksichtigt.

b) Wärmeabgabe der Heizkörper
pro qm und Stunde.
Wärmeeinheiten.

	Warmwasser-niederdruck	Warmwasser-mitteldruck	Niederdruck-dampf	Hochdruck-dampf bis 2 Atm.
a) Rippenheizkörper. Je nach Konstruktion und Verhältnis der Rippen zur Grundfläche	250—300	300—350	400— 450	700— 750
b) glatte Röhren als Spiralen	400—450	550—600	900—1000	1100—1200
c) Zylinderöfen	400—450	550—600	800— 850	1000—1100
d) Doppelröhrenöfen	350—400	500—550	750— 800	1000—1100
e) Radiatoren	400—450	550—600	750— 800	1100—1200
f) Plattenheizkörper mit verzierter Vorderfläche und vertikal gerippter hinterer Fläche	350—400	500—550	750— 800	1000—1100

NB. Werden die Heizkörper ummantelt, so reduziert sich die Wärmeabgabe je nach Art der Ummantelung von 10 bis 25%

Rohrweiten.

Im Mittel genügen die folgenden Rohrweiten für die nachstehend aufgeführten Heizflächen:

a) Warmwasserheizung:

	Patentgeschweißte Rohre				Gasrohre (innerer Durchmesser)					
lichte Weite mm	94	82	70	57	51	39	32	26	19	mm
äußere »	102	89	76	63	2″	1½″	1¼″	1″	¾″	engl. Zoll
Heizkörpergröße in qm	150	115	90	55	40	20	15	10	4	qm

b) Dampfheizung, Hochdruck bis 2 Atm.

	Patentgeschweißte Rohre									Gasrohre (innerer Durchmesser)					
lichte Weite mm	119	113	106	100	94	88	82	70	57	51	39	32	26	19	13	mm
äußere »	127	121	114	108	102	95	89	76	63	2″	1½″	1¼″	1″	¾″	½″	engl. Zoll
Heizkörpergröße in qm	1750	1420	1200	1000	910	820	700	500	350	205	110	70	40	23	9	qm

c) Dampfheizung, Niederdruck.

	Patentgeschweißte Rohre									Gasrohre (innerer Durchmesser)						
lichte Weite mm	119	113	106	100	94	88	82	70	57	50	39	34	26	19	14	mm
äußere »	127	121	114	108	102	95	89	76	63	2″	1½″	1¼″	1″	¾″	½″	engl. Zoll
Heizkörp.-Größe in qm	685	580	500	450	400	340	260	182	128	95	55	30	16	9	3,5	qm
Wärmeeinheiten	350000	290000	250000	225000	200000	170000	130000	91000	64000	48000	27000	15000	8000	4500	1750	

Tabelle über schmiedeeiserne Röhren.

a) Gasröhren mit Gewinde und Muffen.

Lichter Durchm. Zoll	¼	⅜	½	¾	1	1¼	1½	1¾	2	2¼	2½	2¾	3
Lichter Durchm. mm	9,0	12	15	20	26	34,5	40	44	51	60	66	71	79
äußerer Durchm. mm	13	16,5	20,5	26,5	33	42	48	52	59	69	76	81	89
Gewicht pro m kg	0,57	0,82	1,15	1,72	2,44	3,4	4,20	4,60	5,80	6,80	7,70	8,90	10
Inhalt in l pro m	0,06	0,11	0,18	0,31	0,53	0,94	1,26	1,52	2,04	2,83	3,42	3,96	4,90
Oberfläche in qm pro m	0,041	0,052	0,064	0,083	0,104	0,132	0,151	0,163	0,185	0,217	0,239	0,255	0,280

Nach der Normaltabelle des Röhrensyndikates. Die Werte sind annähernd, d. h. kleinen Schwankungen unterworfen.

b) patentgeschweißte Röhren (Siederöhren).

äußerer φ in mm	38	41,5	44,5	47,5	51	54	57	60	63,5	70	76	83
innerer φ in mm	33,5	37	40	43	46,5	49,5	51,5	54	57,5	63	70	76
Gewicht per m in kg ca.	1,45	1,65	1,85	2,2	2,5	2,85	3,2	3,5	3,7	4,2	4,7	6,3
Oberfläche □ m per lfd. m	0,120	0,130	0,140	0,150	0,160	0,170	0,179	0,188	0,199	0,220	0,240	0,260
Inhalt in l per m	0,88	1,08	1,26	1,46	1,70	1,93	2,01	2,29	2,55	3,11	3,84	4,53
Flanschen φ mm	96	99	103	106	116	121	124	129	133	140	146	163
Flanschen Lochkreis φ mm	68	71	75	78	84	89	92	97	101	108	114	126
Zahl der Schraubenlöcher	3	3	3	3	3	3	3	3	3	4	4	4
Durchmesser der Schraubenlöcher mm	11,5	11,5	11,5	11,5	14	14	14	14	14	14	14	17

Fortsetzung der Tabelle.

äußerer φ in mm	89	95	102	108	114	121	127	133	140	146	152	159
innerer φ in mm	82	89	94,5	101	106	113	118	124	131	137	143	150
Gewicht per m in kg ca.	7,0	7,5	8,2	9,2	10	11,3	13,2	13,9	15,2	16,2	16,9	17,4
Oberfläche □ m per lfd. m	0,280	0,298	0,320	0,340	0,358	0,380	0,399	0,418	0,440	0,458	0,477	0,499
Inhalt in l per m	5,28	6,22	7,01	8,01	8,74	10,0	10,9	12,07	13,35	14,74	16,15	17,67
Flanschen φ mm	169	175	185	191	197	204	226	231	239	245	254	261
Flanschen Lochkreis φ mm	132	138	148	154	160	167	179	184	192	198	207	214
Zahl der Schraubenlöcher	4	4	4	4	4	4	4	4	4	6	6	6
Durchmesser der Schraubenlöcher mm	17	17	17	17	17	17	21	21	21	21	21	21

äußerer φ in mm	165	171	178	191	203	216	229	241	254	267	279	292	305
innerer φ in mm	154	162	169	180	192	203	216	228	241	253	264	277	290
Gewicht per m in kg ca.	18,5	19,0	21,7	27,7	29,9	36,8	38,9	41,4	44,2	49,5	55,9	58,7	61,5
Oberfläche □ m per lfd. m	0,520	0,537	0,550	0,600	0,638	0,678	0,719	0,757	0,800	0,840	0,876	0,917	0,958
Inhalt in l per m	18,63	20,6	22,43	25,45	28,95	32,36	36,6	40,8	45,6	50,2	54,7	60	66
Flanschen φ mm	269	275	286	300	313	327	341	354	372	385	404	417	430
Flanschen Lochkreis φ mm	222	228	240	253	266	280	294	306	323	336	353	365	379
Zahl der Schrauben-löcher	6	6	6	6	6	6	7	7	7	7	8	8	8
Durchmesser der Schraubenlöcher mm	21	21	21	21	21	21	21	21	21	21	21	21	21

Fassonstücke zu schmiedeeisernen Rohrleitungen
(Patentrohr).

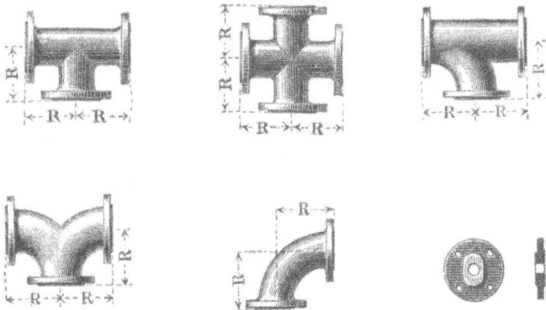

lichte Weite mm	Baulänge R	Flansch.-Durchm. mm	Schrauben-		Zahl
			Kreis-durchm. mm	Loch-weite mm	
30	90	96	68	11,5	3
40	95	103	75	11,5	3
50	105	121	89	14	3
58	115	133	101	14	3
63	120	140	108	14	4
70	125	146	114	14	4
76	130	163	126	17	4
80	135	169	132	17	4
88	145	175	138	17	4
94	148	185	148	17	4
100	150	191	154	17	4
106	155	197	160	17	4
113	160	204	167	17	4
125	165	231	184	21	4
131	170	239	192	21	4
150	175	261	214	21	6
169	190	286	240	21	6
180	195	300	253	21	6
192	200	313	266	21	6

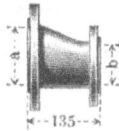

lichte Weite a mm	lichte Weite b												
63	58												
70	58	63											
80	58	63	70										
88	58	63	70	80									
94	58	63	70	80	88								
100	58	63	70	80	88	94							
106	58	63	70	80	88	94	100						
113	58	63	70	80	88	94	100	106					
125	58	63	70	80	88	94	100	106	113				
131	58	63	70	80	88	94	100	106	113	125			
150	58	63	70	80	88	94	100	106	113	125	131		
169	58	63	70	80	88	94	100	106	113	125	131	150	
180	58	63	70	80	88	94	100	106	113	125	131	150	169
192	58	63	70	80	88	94	100	106	113	125	131	150	169	180

NB. Die Flansch- und Lochkreisdurchmesser passen genau zu den auf der umstehenden Tabelle angeführten Fassonstücken.

**Tabelle für die Baulänge und Flanschenabmessungen
der Dampfventile**
(sog. Normalmaße).

Lichter Durch- messer mm	Flanschen- durch- messer mm	Baulänge mm	Lochkreis mm	Anzahl der Schrauben	Stärke Zoll	Durch- messer der Schrauben- löcher mm
10	70	85	50	4	$^3/_8$	11
15	80	100	60	4	$^3/_8$	11
20	95	120	70	4	$^3/_8$	11
25	110	135	80	4	$^3/_8$	11
30	120	150	90	4	$^3/_8$	11
35	130	160	100	4	$^3/_8$	11
40	140	180	110	4	$^1/_2$	14
45	150	190	115	4	$^1/_2$	14
50	160	200	125	4	$^5/_8$	17
55	170	210	130	4	$^5/_8$	17
60	175	220	135	4	$^5/_8$	17
65	180	230	140	4	$^5/_8$	17
70	185	240	145	4	$^5/_8$	17
80	200	260	160	4	$^5/_8$	17
90	215	280	170	4	$^5/_8$	17
100	230	300	180	4	$^3/_4$	21
110	245	320	195	4	$^3/_4$	21
120	260	340	210	4	$^3/_4$	21
125	260	350	210	4	$^3/_4$	21
130	275	360	220	6	$^3/_4$	21
140	285	380	230	6	$^3/_4$	21
150	290	400	240	6	$^3/_4$	21
175	320	450	270	6	$^3/_4$	21
200	350	500	300	6	$^3/_4$	21
225	370	550	320	6	$^3/_4$	21
250	400	600	350	8	$^3/_4$	21
275	425	650	375	8	$^3/_4$	21
300	450	700	400	8	$^3/_4$	21
350	520	800	465	10	$^7/_8$	24
400	575	900	520	10	$^7/_8$	24
450	630	1000	570	12	$^7/_8$	24
500	680	1100	625	12	$^7/_8$	24
550	740	1200	675	14	1	28
600	790	1300	725	16	1	28

Tabelle über Temperatur des Wasserdampfes.

Dampf-spannung in Atmosphären Überdruck	Temperatur in Celsius	Dampf-spannung in Atmosphären Überdruck	Temperatur in Celsius
0,0	100	2,1	135,03
0,1	102,68	2,2	136,12
0,2	105,17	2,3	137,19
0,3	107,50	2,4	138,23
0,4	109,68	2,5	139,24
0,5	111,74	2,6	140,23
0,6	113,69	2,7	141,21
0,7	115,54	2,8	142,15
0,8	117,30	2,9	143,08
0,9	118,99	3,0	144,00
1,0	120,60	3,1	144,89
1,1	122,15	3,2	145,76
1,2	123,64	3,3	146,61
1,3	125,07	3,4	147,46
1,4	126,46	3,5	148,29
1,5	127,80	3,6	149,10
1,6	129,10	3,7	149,90
1,7	130,35	3,8	150,69
1,8	131,57	3,9	151,46
1,9	132,76	4,0	152,22
2,0	133,91		

Vergleich der Temperaturskalen zwischen Celsius und Réaumur.

Celsius	Réaumur	Celsius	Réaumur	Celsius	Réaumur
1	0,8	31	24,8	61	48,8
2	1,6	32	25,6	62	49,6
3	2,4	33	26,4	63	50,4
4	3,2	34	27,2	64	51,2
5	4,0	35	28,0	65	52,0
6	4,8	36	28,8	66	52,8
7	5,6	37	29,6	67	53,6
8	6,4	38	30,4	68	54,4
9	7,2	39	31,2	69	55,2
10	8,0	40	32,0	70	56,0
11	8,8	41	32,8	71	56,8
12	9,6	42	33,6	72	57,6
13	10,4	43	34,4	73	58,4
14	11,2	44	35,2	74	59,2
15	12,0	45	36,0	75	60,0
16	12,8	46	36,8	76	60,8
17	13,6	47	37,6	77	61,6
18	14,4	48	38,4	78	62,4
19	15,2	49	39,2	79	63,2
20	16,0	50	40,0	80	64,0
21	16,8	51	40,8	81	64,8
22	17,6	52	41,6	82	65,6
23	18,4	53	42,4	83	66,4
24	19,2	54	43,2	84	67,2
25	20,0	55	44,0	85	68,0
26	20,8	56	44,8	86	68,8
27	21,6	57	45,6	87	69,6
28	22,4	58	46,4	88	70,4
29	23,2	59	47,2	89	71,2
30	24,0	60	48,0	90	72,0

Fortsetzung der Tabelle.

Celsius	Réaumur	Celsius	Réaumur	Celsius	Réaumur
91	72,8	111	88,8	131	104,8
92	73,6	112	89,6	132	105,6
93	74,4	113	90,4	133	106,4
94	75,2	114	91,2	134	107,2
95	76,0	115	92,0	135	108,0
96	76,8	116	92,8	136	108,8
97	77,6	117	93,6	137	109,6
98	78,4	118	94,4	138	110,4
99	79,2	119	95,2	139	111,2
100	80,0	120	96,0	140	112,0
101	80,8	121	96,8	141	112,8
102	81,6	122	97,6	142	113,6
103	82,4	123	98,4	143	114,4
104	83,2	124	99,2	144	115,2
105	84,0	125	100,0	145	116,0
106	84,8	126	100,8	146	116,8
107	85,6	127	101,6	147	117,6
108	86,4	128	102,4	148	118,4
109	87,2	129	103,2	149	119,2
110	88,0	130	104,0	150	120,0

Tabelle
der Quadrate, Kuben, der Zahlen von 1 bis 100 sowie des Kreisumfanges und Kreisinhaltes für Durchmesser von 0,1 bis 10.

Erklärung der Tabelle: Die erste senkrechte Spalte weist die Grundzahlen n auf, d. h. diejenigen Zahlen, von welchen man das Quadrat, den Kubus usw. wissen will. Die zweite senkrechte Spalte enthält die Quadratwerte der entsprechenden Grundzahlen, d. h. ·die Werte, welche sich aus der Multiplikation der Grundzahl mit sich selbst ergeben (man schreibt dies $n \times n$ oder n^2). Die dritte senkrechte Spalte enthält die Kubikzahlen, d. h. die Werte, welche sich aus der zweifachen Multiplikation einer Zahl mit sich selbst ergeben (man schreibe dies $n \times n \times n$ oder n^3).

In den Spalten 5 und 6 bedeutet d = diameter = Durchmesser, r = radius = Halbmesser und π (gesprochen pi) den Kreisumfang; π besitzt einen unveränderlichen Wert = 3,14, d. h. mit Bezug auf Spalte 5 ist der Umfang eines Kreises von 2,00 m Durchmesser gleich $2 \times 3,14 = 6,28$ m.

Grund-zahl n	Quadrat n^2	Kubik n^3	Durch-messer $d =$	Kreis-umfang $\pi \, d$ ◯	Kreisinhalt $\frac{1}{4}\pi \, d^2 = r^2 \cdot \pi$ ◉
0	0	0	0,0	0,000	0,0000
1	1	1	0,1	0,314	0,0079
2	4	8	2	0,628	0,0314
3	9	27	3	0,942	0,0707
4	16	64	4	1,257	0,1257
5	25	125	5	1,571	0,1964
6	36	216	6	1,885	0,2827
7	49	343	7	2,199	0,3848
8	64	512	8	2,513	0,5026
9	81	729	9	2,827	0,6362
10	100	1 000	1,0	3,142	0,7854
11	121	1 331	1	3,456	0,9503
12	144	1 728	2	3,770	1,1310
13	169	2 197	3	4,084	1,3273
14	196	2 744	4	4,398	1,5394
15	225	3 375	5	4,712	1,7671
16	256	4 096	6	5,027	2,0106
17	289	4 913	7	5,341	2,2698

Grund-zahl n	Quadrat n^2	Kubik n^3	Durch-messer $d =$	Kreis-umfang πd ◯	Kreisinhalt $\frac{1}{4}\pi d^2 = r^2 \pi$ ●
18	324	5 832	8	5,655	2,5447
19	361	6 859	9	5,969	2,8353
20	400	8 000	2,0	6,283	3,1416
21	441	9 261	1	6,597	3,4636
22	484	10 648	2	6,912	3,8013
23	529	12 167	3	7,226	4,1548
24	576	13 824	4	7,540	4,5239
25	625	15 625	5	7,854	4,9087
26	676	17 576	6	8,168	5,3093
27	729	19 683	7	8,482	5,7256
28	784	21 952	8	8,796	6,1575
29	841	24 389	9	9,111	6,6052
30	900	27 000	3,0	9,425	7,0686
31	961	29 791	1	9,739	7,5477
32	1 024	32 768	2	10,05	8,0425
33	1 089	35 937	3	10,37	8,5530
34	1 156	39 304	4	10,68	9,0792
35	1 225	42 875	5	11,00	9,6211
36	1 296	46 656	6	11,31	10,179
37	1 369	50 653	7	11,62	10,752
38	1 444	54 872	8	11,94	11,341
39	1 521	59 319	9	12,25	11,946
40	1 600	64 000	4,0	12,57	12,566
41	1 681	68 921	1	12,88	13,203
42	1 764	74 088	2	13,19	13,854
43	1 849	79 507	3	13,51	14,522
44	1 936	85 184	4	13,82	15,205
45	2 025	91 125	5	14,14	15,904

Grund-zahl n	Quadrat n^2	Kubik n^3	Durch-messer $d =$	Kreis-umfang πd $\bigcirc$	Kreisinhalt $\frac{1}{4}\pi d^2 = r^2 d$
46	2 116	97 336	6	14,45	16,619
47	2 209	103 823	7	14,77	17,349
48	2 304	110 592	8	15,08	18,096
49	2 401	117 649	9	15,39	18,857
50	2 500	125 000	5,0	15,71	19,635
51	2 601	132 651	1	16,02	20,428
52	2 704	140 608	2	16,34	21,237
53	2 809	148 877	3	16,65	22,062
54	2 916	157 464	4	16,96	22,902
55	3 025	166 375	5	17,28	23,758
56	3 136	175 616	6	17,59	24,630
57	3 249	185 193	7	17,91	25,518
58	3 364	195 112	8	18,22	26,421
59	3 481	205 379	9	18,54	27,340
60	3 600	216 000	6,0	18,85	28,274
61	3 721	226 981	1	19,16	29,225
62	3 844	238 328	2	19,48	30,191
63	3 969	250 047	3	19,79	31,172
64	4 096	262 144	4	20,11	32,170
65	4 225	274 625	5	20,42	33,183
66	4 356	287 496	6	20,73	34,212
67	4 489	300 763	7	21,05	35,257
68	4 624	314 432	8	21,36	36,317
69	4 761	328 509	9	21,68	37,393
70	4 900	343 000	7,0	21,99	38,485
71	5 041	357 911	1	22,31	39,592
72	5 184	373 248	2	22,62	40,715

Grund-zahl n	Quadrat n^2	Kubik n^3	Durch-messer $d =$	Kreis-umfang πd ⊙	Kreisinhalt $\frac{1}{4}\pi d^2 = r^2 \pi$ ●
73	5 329	389 017	3	22,93	41,854
74	5 476	405 224	4	23,25	43,008
75	5 625	421 875	5	23,56	44,179
76	5 776	438 976	6	23,88	45,365
77	5 929	456 533	7	24,19	46,566
78	6 034	474 552	8	24,50	47,784
79	6 241	493 039	9	24,82	49,017
80	6 400	512 000	8,0	25,13	50,266
81	6 561	531 441	1	25,45	51,530
82	6 724	551 368	2	25,76	52,810
83	6 889	571 787	3	26,08	54,106
84	7 056	592 704	4	26,39	55,418
85	7 225	614 125	5	26,70	56,745
86	7 396	636 056	6	27,02	58,088
87	7 569	558 503	7	27,33	59,447
88	7 744	681 472	8	27,65	60,821
89	7 921	704 969	9	27,96	62,211
90	8 100	729 000	9,0	28,27	63,617
91	8 281	753 571	1	28,59	65,039
92	8 464	778 688	2	28,90	66,476
93	8 649	804 357	3	29,22	67,929
94	8 836	830 584	4	29,53	69,398
95	9 025	857 375	5	29,85	70,882
96	9 216	884 736	6	30,16	72,382
97	9 409	912 673	7	30,47	73,898
98	9 604	941 192	8	30,79	75,430
99	9 801	970 299	9	31,10	76,977
100	10 000	1000 000	10,0	31,42	78,540

Tabelle

über Längenausdehnung schmiedeeiserner Rohre.

1 m dehnt sich aus:

Bei einer Anfangs-temperatur von	Auf eine Temperatur von		
	50⁰	100⁰	150⁰
0⁰	um 0,75 mm	um 1,50 mm	um 2,25 mm
10⁰	,, 0,60 ,,	,, 1,35 ,,	,, 2,10 ,,
20⁰	,, 0,45 ,,	,, 1,20 ,,	,, 1,95 ,,
30⁰	,, 0,30 ,,	,, 1,05 ,,	,, 1,80 ,,

Raumbedarf für Koks und Kohle.

Ein Waggon Koks = 10000 kg = 20 cbm Raum-inhalt = 10 qm Grundfläche bei einer Schichthöhe von 2 m.

1 Waggon Steinkohlen = 10000 kg = 12 cbm Rauminhalt = 6 qm Grundfläche bei einer Schicht-höhe von 2 m.

10. Montage.

Nachdem nun die wichtigsten Heizungsarten in ihrer Wirkungs- und Ausführungsform beschrieben sind, folgen allgemeine Winke für die Vorbereitungen zur Montage, sowie die für jede Heizungsart bei der Montierung zu beachtenden Punkte kurz zusammengestellt.

Vorbereitungen.

Die erste Tätigkeit des Monteurs beim Eintreffen am Montageplatz besteht in der Revision der Warensendung, und es ist notwendig, daß der Monteur ein genaues Verzeichnis aller zu der betreffenden Anlage benötigten Materialien hierzu zur Hand hat. Die Aufbewahrung geschieht dann in einem verschließbaren Raum.

Sodann hat der Monteur die ihm zur Verfügung stehenden Hilfsarbeiter sowie Maurer anzuweisen die erforderlichen Löcher zu stemmen, Rohrschellen und Haken einzusetzen und mit evtl. Kesseleinmauerung zu beginnen. (Siehe Maurerarbeiten.)

Eine praktische Arbeitsteilung ist durchaus zu empfehlen, es wird hierdurch der Fortgang der Arbeiten wesentlich beschleunigt. An Hand der Arbeitszeichnungen ist vor Beginn der Arbeiten die ganze Anlage möglichst mit dem Besteller oder dem Bauleiter durchzusprechen, etwaige Wünsche derselben sind entgegenzunehmen, und ist hierüber seine Firma zu verständigen, um nachträgliche Änderungen zu vermeiden.

Ganz besondere Aufmerksamkeit ist dem für die Kessel- usw. Anlage zur Verfügung stehenden

10*

Schornstein zu schenken. Es ist darauf zu achten,
daß derselbe die von der Firma verlangten Abmessungen besitzt und andere Feuerungen nicht in denselben
einmünden.

Es ist ferner zu prüfen, ob derselbe absolut dicht
ist, und geschieht diese Prüfung am einfachsten in
der Weise, daß man den Schornstein oben abdeckt
und an seinem unteren Ende ein stark schwelendes
Feuer anzündet. Etwaige Undichtigkeiten zeigen sich
sofort durch Ausströmen von Rauch.

Montierungsratschläge.

1. Kanalheizung.

Sorgfältige Ausführung des Feuerherdes in feuerfesten Steinen, genaue Anlage des Kanales hinsicht-
lich der berechneten und vorgeschriebenen Steigung
und Weite desselben. Absolute Dichtigkeit des Kanales.

2. Luftheizung.

Die Montierung des Kalorifers hat mit pein-
licher Gewissenhaftigkeit zu erfolgen. Alle Dicht-
stellen und Verschlüsse sind zu prüfen und sämtliche
Kanäle zu kontrollieren, daß dieselben die richtigen
Dimensionen und Ausmündungen haben. Es ist besonders darauf zu achten, daß die Kanäle für frische
und warme Luft keine Verbindung mit Abluftkanälen
haben.

Die Kanalverschlüsse sind stets nach dem Einsetzen auf leichte Gangbarkeit zu prüfen.

3. Wasser- und Dampfheizungen.

Bei Aufstellen des Kessels ist darauf zu achten,
daß die Maße, welche über die Aufstellung des Kessels
angegeben sind, eingehalten werden können. Es
ist deshalb vor allen Dingen die Dampfrohrleitung
abzumessen, wie tief dieselbe an den entferntesten

Stellen zu liegen kommt. Hierauf ist der Abstand
zwischen Dampfrohr- und Kondenswasserleitung abzumessen und wieder der Fall der Kondenswasserleitung
bis nach dem Kessel zu berechnen, um hiernach die
Höhe des Kessels zu bestimmen. Ebenso die Zu-
und Rücklaufröhren bei der Wasserheizung.

Dampfrohrleitungen dürfen in steigender Richtung nur auf kurze Strecken verlegt werden, und zwar
müssen Dampfrohre, welche in dieser Richtung verlegt werden, pro Meter 5 cm Steigung erhalten. Alle
Dampfrohre, welche Fall in der Richtung des Dampfstromes erhalten, bei denen also das Kondenswasser
nach dem Ende zu vom Dampf fortgetrieben und dort
durch einen Kondenstopf oder eine Wasserschleife
abgeführt wird, müssen pro Meter ½ cm Fall bekom-
man, wenn möglich 1 cm pro Meter. Alle Wasserschleifen, welche zur Entwässerung der Dampfrohre
bei Niederdruckdampf in die Kondensrohre dienen,
sollen möglichst 2,50 m lang werden.

Es darf niemals ein Dampfrohr ohne Wasserschleife oder Kondenstopf direkt in ein Kondensrohr
entwässert werden, weil sonst der Dampf ungehindert in die Kondenswasserleitungen eintritt und dort
Geräusche verursacht.

Die Rohrleitungen sind alle gut und zuverlässig
zu befestigen. Diejenigen Rohrleitungen, welche
isoliert werden, müssen ringsum mindestens 30 bis
50 mm von der Wand fort liegen und stets mit Rohrschellen befestigt werden, nicht mit Rohrhaken. Die
Rohrschellen sind vorher nach der Schnur vom Maurer
eingipsen zu lassen, so daß der Monteur nur die Rohre
anzuschrauben hat. Es erleichtert dies die Arbeit ganz
wesentlich.

Senkrecht aufsteigende Rohrleitungen dürfen nur
mit Rohrschellen, niemals mit Rohrhaken befestigt
werden.

Bei Biegungen dürfen die Winkel niemals fest
an den Mauerecken anliegen, damit sich die Rohre
ausdehnen können. Es ist also stets zwischen Rohr
resp. Winkel und Wand etwas Spielraum zu lassen

(siehe Tabelle über Längenausdehnung der Rohre auf Seite 146).

Die Abzweigrohre, welche nach den Heizkörpern zu führen, müssen bei Dampfheizung vom Steigstrang bis nach dem Ventil etwas Steigung haben, damit das sich bildende Kondenswasser in den Dampfstrang zurückfließt. Vom Absperrventil aus nach dem Körper müssen diese Rohrleitungen Fall haben, so daß nirgends Wasser stehen bleiben kann, welches einfrieren könnte; bei Wasserheizungen müssen die Abzweigrohre vom Steigstrang nach dem Heizkörper zu mit Fall angeordnet sein.

Die Rücklaufleitungen sowie Kondenswasseranschlüsse müssen vom Körper nach den abfallenden Hauptleitungen stets so viel Gefälle als möglich haben.

Aus den Rohren ist stets der vom Abschneiden sich bildende Grad auszufeilen oder auszufräsen. Auch muß jedes Rohr vor dem Anschrauben durchgesehen werden, damit kein Schmutz in demselben steckt oder Blasen und sonstige Verengungen vorhanden sind.

Alle Öffnungen angeschraubter Rohre sind gut zu verschließen, und zwar mit Holzpfropfen oder mit Gewindestöpseln oder Kappen, damit kein Schmutz in dieselben fällt und die Rohre verstopft.

Die Heizkörper müssen stets genau wagrecht und fest stehen. Hohe Heizkörper sind durch einen Halter an der Wand zu befestigen. Heizkörperabstand von der Wand 50—60 mm einhalten.

Es sind möglichst wenig Winkel mit Gewinde anzuwenden, sondern die Rohre zu biegen. Es vereinfacht dies die Arbeit wesentlich, denn ein Rohr ist viel schneller gebogen, als zweimal Gewinde angeschnitten und die Winkel angeschraubt.

Wenn größere Abweichungen in der Rohrführung durch bauliche Hindernisse sich erforderlich machen, wodurch Umführungen durch Biegungen nötig sind, so können besonders bei Wasserheizungen wesentliche Veränderungen in den Umlaufwiderständen eintreten,

gegenüber denjenigen, welche von dem ausführenden
Ingenieur berechnet worden sind. Es ist deshalb
bei allen Veränderungen in der Rohrführung dringend
erforderlich, sofort Meldung zu machen.
Flanschverschraubungen sind so wenig wie möglich anzuwenden. Nur beim Anschluß der Heizkörper
kann oben und unten eine Flanschverschraubung
angewendet werden. An Rohren in den Wänden darf
unter keinen Umständen eine Flanschverschraubung
sich befinden.

Alle Heizkörper bei Dampfheizungen werden mit
Asbestdichtungsscheiben trocken verpackt. Ebenso
werden alle Verschraubungen an den Dampfrohrleitungen mit trockenen Asbestdichtungsscheiben verpackt. Die Verpackungen der Kondenswasserleitungen
bestehen ebenfalls aus Asbestscheiben, welche jedoch einmal in Firnis eingetaucht werden. Die Scheiben
sind indessen nur kurz einzutauchen und nicht tage-
lang in Firnis liegen zu lassen. (Eingetauchte und
trocken gewordene Ringe sind verdorben und unbrauchbar.) Sämtliche Verdichtungen bei Wasserheizungen sind durch gute Pappe mit Firnis getränkt
oder Klingerit herzustellen.

Gasrohrmaße werden stets im Lichten gemessen,
Patentrohre werden stets von außen gemessen.

Bei Niederdruckdampfheizungen sind die Regulierventile so einzusetzen, daß man bequem an die Reguliervorrichtung gelangen kann.

Wenn irgend etwas an dem Bau mit der Zeichnung nicht übereinstimmt oder irgendeine Änderung
in der gezeichneten Rohrlage und Anordnung der Heizkörper erfolgt, so ist dem Geschäft hiervon unverzüg-
lich Mitteilung zu machen, denn jede Abänderung
kann eine nachteilige Wirkung auf die Heizung ausüben und zu späteren Differenzen führen, welche
durch die rechtzeitige Mitteilung des Monteurs vermieden werden.

Alle fehlenden Teile sind rechtzeitig in der Fabrik
zu bestellen, weil dieselben auch oftmals nicht am
Lager sind und erst beschafft werden müssen.

Maurerarbeiten.

Da der Monteur die Maurerarbeiten, welche in Verbindung mit der Heizanlage erforderlich sind, zu überwachen hat, so soll das Wichtigste Erwähnung finden:

Einsetzen der Rohrschellen: Diese sind stets nach der Schnur genau anzugeben, damit später nur die Rohre eingelegt zu werden brauchen. Auf den richtigen Abstand von der Wand ist besonders Obacht zu geben. In trockenen Räumen werden die Rohrschellen mit Gips eingesetzt, in feuchten Räumen mit Zement.

Stemmen von Löchern für Rohrdurchführungen: Die Löcher für Rohrdurchführungen dürfen nicht größer als unbedingt erforderlich hergestellt werden. Ganz besonders ist darauf zu achten, daß Widerlager von Gewölben nicht angestemmt oder geschwächt werden.

Sockel für freistehende Kessel: Freistehende Kessel erhalten größtenteils einen kleinen Sockel; entweder dient derselbe zur Vergrößerung des Aschenfalles, oder der Rauchabzug wird in diesen Sockel gelegt. In allen Fällen ist dafür zu sorgen, daß der Sockel absolut luftdicht gemauert wird, also zwischen den Steinen die Fugen vollständig mit Mörtel ausgefüllt werden, und daß ferner keine Feuchtigkeit in den Sockel eindringen kann, besonders wenn der Rauchabzug im Sockel liegt.

Kesseleinmauerung: Der Einmauerung der Kessel ist ganz besondere Aufmerksamkeit zu schenken. Es ist genau nach den von der ausführenden Firma erhaltenen Zeichnungen zu arbeiten. Die Feuerungen und die ersten Feuerzüge sind mit feuerfesten Steinen auszukleiden. Die Mörtelfugen zwischen den Steinen sind ganz dünn auszuführen und sorgfältig vollständig mit Mörtel auszufüllen. Als Mörtel ist Lehm mit Schamottemehl zu verwenden. Vor dem Anheizen ist das Mauerwerk durch gelindes Feuer langsam auszutrocknen.

Rauchabzugkanäle: Die Rauchabzugkanäle sind
in möglichst gerader Richtung stark ansteigend nach
dem Schornstein anzulegen. Sind Biegungen nicht
zu vermeiden, so sind dieselben ganz schlank ohne
scharfe Ecken und ohne Verengung des Querschnittes
auszuführen. Die Kanäle müssen absolut dicht gemauert und im Innern ganz glatt verputzt werden;
auch von·außen sind dieselben zu verputzen. Reini-
gungszargen müssen an geeigneten Stellen eingesetzt
werden, damit ein bequemes Reinigen der Kanäle
möglich ist.

Schornstein: Der Schornstein muß die vorgeschriebene Weite haben, im Innern vollständig glatt
verputzt und dicht gemauert sein. Der Monteur
sollte jeden Schornstein gleich bei Beginn der Montage untersuchen, ob er den Bedingungen entspricht,
keinerlei Querschnittsveränderung bis zu seiner Aus-
mündung hat und auch keine anderen Rauchrohre
in denselben einmünden. Der Schornstein soll immer
wenigstens 50 cm über Dachfirst hoch geführt sein.
Sind mehrere Schornsteine nebeneinander aufgeführt,
so ist besonders zu untersuchen, ob die zwischen den
einzelnen Schornsteinen gemauerten Zungen dicht
gemauert sind. Ist dies nicht der Fall, so können die
Schornsteine vollständig unbrauchbar sein; denn es
kann in den Schornstein, welcher der Heizanlage dienen soll, von dem nebenliegenden durch die undichte
Zunge hindurch so viel Nebenluft zuströmen, daß
die Zugwirkung eine minderwertige ist.

Entspricht der Schornstein, welcher für die Heizanlage vorgesehen ist, nicht allen Anforderungen, so
ist sofort der Bauleitung sowie der eigenen Firma Mitteilung zu machen, damit rechtzeitig für Abhilfe ge-
sorgt werden kann.

Kesselgrube: Wird der Kessel vertieft in einer
Grube aufgestellt, so muß stets untersucht werden,
ob Grundwasser vorhanden. Ist dies der Fall, so ist
die Grube unter allen Umständen wasserdicht herzustellen.

Fertigstellung.

Nach Beendigung der Montage sollte jede Wasser-
und Dampfheizung einer Druckprobe unterzogen werden, der Probedruck soll mindestens doppelt so hoch
sein als der spätere Arbeitsdruck. Wo eine Druckprobe nicht ausführbar, ist wenigstens mehrmaliges
Heizen bis zum Überkochen und Erkalten nötig.
Etwa undichte Stellen sind zu verdichten, und hierauf ist das Probeheizen vorzunehmen. Hierbei sind
sämtliche Verbindungsstellen sorgfältig nachzuziehen
und die Regulierventile einzustellen.

Bei eingemauerten Kesseln ist zuerst einige Tage
mäßig zu feuern, damit das Mauerwerk gründlich aus-
trocknen kann, andernfalls Mauersprünge entstehen.

Bei neuen Schornsteinen ist vor dem Anfeuern
des Kessels ein Lockfeuer mittels Hobelspänen oder
Stroh im Schornstein anzuzünden.

Auf Grund der beigegebenen Vorschriften ist das
Bedienungspersonal zu unterrichten.

Für die richtige Isolierung der Rohrleitungen ist
Sorge zu tragen und ganz besonders auf den Schutz
gegen Einfrieren der Rohrleitungen zu achten, welche
durch ungeheizte Räume führen.

Bei Wasserheizungen ist besonders auf gute Isolierung des Ausdehnungsgefäßes Obacht zu geben.
Die Ummantelung desselben muß unbedingten Schutz
gegen Einfrieren gewährleisten.

Nach erfolgter Übergabe an den Besteller oder
Bauleiter hat sich der Monteur hierüber eine Beschei-
nigung zu erbitten. Sodann werden sämtliche übrig-
gebliebene Materialien und Werkzeuge sorgfältig
verpackt und zurückgesandt.

11. Die kranke Heizanlage.

Sehr oft wird der Monteur beauftragt, Störungen, welche sich beim Betrieb von Heizungen zeigen, zu beseitigen, und es erfordert eine ziemlich große Erfahrung, den entstandenen Fehler, sei es nun, daß derselbe von der Bedienung verursacht oder sich durch andere Ursachen eingestellt hat, aufzufinden.

In den weitaus zahlreichsten Fällen liegen Fehler in der Bedienung vor, wenn über mangelhafte Funktion einer Anlage geklagt wird. Diese Fehler sind natürlich am leichtesten zu entdecken und durch richtige Anweisung des Bedienungspersonals· abzustellen. Wir wollen aber auch andere Ursachen aufsuchen und Ratschläge zu deren Beseitigung geben.

Feuerstelle: Schlechter Zug und ungenügende Wirkung des Feuers kann seinen Grund haben, daß die Züge nicht gereinigt sind, Rauchkanäle durch Flugasche, besonders bei der Einmündung in den Schornstein, verengt sind. Auch durch schlechtschließende Reinigungsöffnungen kann der Zug behindert werden. Es sind Fälle vorgekommen, daß nachträglich noch Rauchrohre in den Heizungsschornstein geführt wurden. Beim Einschlagen der Löcher hierfür sind Steine und Mörtel im Schornstein heruntergefallen und haben den Eintritt verengt. Solche Rauchrohre hindern den Zug und sind zu entfernen.

Bei der Untersuchung auf schlechten Zug ist größte Vorsicht anzuraten, um sich keiner Rauchgasvergiftung auszusetzen.

Bei schlechtem Zug entwickelt sich Kohlenoxyd, welches stark giftig und fast geruchlos ist. Wird nun, um den Zug zu verbessern, versucht, in dem Fuchs oder Schornstein ein Lockfeuer anzuzünden und hierbei eine Reinigungsklappe des Fuchses oder Schornsteins geöffnet, so treten die Kohlenoxyde in verstärktem Maße in den Kesselraum aus und können tödliche Vergiftung hervorrufen. Tatsächlich sind derartige Unglücksfälle mehrfach vorgekommen. Es ist bei schlechtem Zug vor der Vornahme jeder Tätigkeit der Kesselraum gründlich durchzulüften und alle Türen und Fenster während der Arbeit offen zu halten. Bei Inbetriebsetzen von Heizungen nach längeren Betriebsunterbrechungen ist es stets ratsam, vor dem Anzünden des Feuers im Kessel zuerst ein tüchtiges Lockfeuer im Schornstein anzuzünden und diesen gehörig anzuwärmen.

Ist der Kessel sonst in Ordnung gereinigt und die Verbrennung gut, dann sind Regulatorklappen und Schornsteinschieber auf leichte Beweglichkeit zu prüfen.

Alle Armaturen am Kessel sind auf ordnungsmäßiges Arbeiten zu prüfen. Bei Wasserheizungen ist festzustellen, ob die Anlage vollständig gefüllt ist, weil andernfalls die Zirkulation in den oberen Heizkörpern nicht möglich ist. Bei Dampfheizungen ist besonders der Wasserstand am Kessel zu prüfen, ebenso das Manometer. Ferner ist nachzusehen, ob das Standrohr genügend mit Wasser gefüllt ist, es kann infolge eingetretenen Überdruckes vorgekommen sein, daß das Wasser herausgeworfen wurde, und da nun kein Abschluß vorhanden, entweicht der sich bildende Dampf, und die Anlage geht nicht.

Bei zu großem Brennmaterialverbrauch kann auch zu starker Schornsteinzug vorliegen. Dies zeigt sich dadurch, daß die Rauchgase mit zu hoher Temperatur in den Schornstein eintreten. In solchen Fällen sind Temperatur- und Zugmessungen erforderlich und unter Umständen ist der Schornsteinzug durch Abmauern zu mindern. Für solche Messungen ist genaue Instruktion von der Firma einzuholen.

Bei schlechtem Wasser kann ein Verkalken des Kessels vorkommen, und besonders bei gußeisernen Gliederkesseln können infolge der Verkalkung leicht

Glieder springen. Ist bei einem Kessel dies eingetreten und es muß ein neues Glied eingebaut werden, so ist es erforderlich, die übrigen Glieder von Kesselstein zu reinigen, denn andernfalls werden sich die Defekte in kurzer Zeit wiederholen.

Das Reinigen gußeiserner Gliederkessel, resp. einzelner Glieder, erfolgt dadurch, daß verdünnte rohe Salzsäure in den Kessel eingefüllt wird. Die Verdünnung soll in einem Verhältnis 1:4 erfolgen (1 Teil Salzsäure, 4 Teile Wasser); bei sehr starkem Ansatz kann die Lösung etwas stärker genommen werden. Um das Einfüllen zu erleichtern, ist es empfehlenswert, am oberen Teil des Kessels ein Einfüllrohr nicht unter 1″ Weite mit Trichter anzubringen und möglichst entgegengesetzt dieses Einfüllrohres ein Überlaufrohr anzuordnen. Das Einfüllrohr macht man vorteilhaft wenigstens 0,50 m hoch, während das Überlaufrohr nur wenig höher als Kesseloberkante zu sein braucht, damit der Kessel vollständig gefüllt wird. Beim Einfüllen der Säurelösung entstehen Gase, und es ist zu vermeiden, diese Gase einzuatmen oder Licht in deren Nähe zu bringen.

Nachdem die Säurelösung 2 Stunden im Kessel gestanden hat, kann man vorsichtig ein leichtes Holzfeuer im Kessel entzünden, wodurch die Einwirkung zur Ablösung des Kesselsteines erhöht wird. Die eingefüllte Lösung soll aber nicht bis zum Kochen erhitzt werden.

Nachdem die Säurelösung ungefähr 10 Stunden im Kessel gestanden hat (die notwendige Zeit richtet sich nach der Stärke des Ansatzes), wird der Kessel an allen Teilen mit einem Hammer leicht und vorsichtig beklopft und hierauf die Lösung abgelassen. Alle losgelösten Teile sind gründlich zu entfernen und hierauf der Kessel mit Sodawasser und dann nochmals mit reinem Wasser tüchtig auszuspülen.

Beim Reinigen einzelner Glieder ist in derselben Weise zu verfahren. Da eine Erwärmung bei einzelnen Gliedern nicht möglich ist, so muß die Lösung etwas

längere Zeit in den Gliedern stehen bleiben, um genügend auf den Kesselsteinansatz einwirken zu
können.

Ist die Reinigung vollendet, so kann der Kessel
wieder an die Heizung angeschlossen werden, resp.
die einzelnen Glieder können wieder zusammengebaut
werden.

Bei Kesseln von Warmwasserheizungen können
sehr störende und unangenehme Geräusche auftreten
— der Kessel singt — die Ursache dieser Erscheinung
ist in Unebenheiten der inneren Oberfläche zu suchen.
Um diesen Übelstand zu beseitigen, wird der Kessel
entleert und je nach Größe des Kessels einige Liter
gutes Leinöl eingefüllt. Dann wird der Kessel ganz
langsam mit Wasser angefüllt. Hierauf wird ein
mäßiges Holzfeuer entzündet, damit sich die Kesselwandungen erwärmen, und wenn dieses Holzfeuer
nahezu abgebrannt ist, wird der Kessel ganz langsam entleert, damit das Öl sich an den inneren Wandungen ansetzen kann. Der Kessel bleibt dann bis
zum völligen Erkalten leer, um das Öl antrocknen
zu lassen.

Wird die Anlage dann wieder ordnungsmäßig
gefüllt und in Betrieb gesetzt, so wird, sofern keine
andere Ursache zugrunde liegt, das Geräusch ver-
schwunden sein.

Ist an der Kesselanlage alles in Ordnung, so ist
die Rohrleitung zu untersuchen. Bei Wasserheizung
kann nun ein schnell durchgehender Heizkörper einen
benachbarten von der Zirkulation abschneiden, es
ist dann eine Regulierung des Ventils vorzunehmen.
Ungenügende Entlüftung kann der Grund mangelhafter Erwärmung eines Heizkörpers sein. Auch kann
sich die Skala am Heizkörperventil verstellt haben,
so daß derselbe nicht vollständig öffnet oder schließt.

Bei Dampfheizungen ist, sofern ein Stauer oder
Kondenstopf am Kondenswasserabfluß eingebaut ist,
dieser zu untersuchen, ob eine Verschmutzung resp.
Verstopfung vorliegt, eventuell ist dieselbe zu beseitigen.

Wird über mangelhafte Erwärmung eines Raumes geklagt und erscheint der Heizkörper groß genug, so kann oftmals ungenügender Abstand des Heizkörpers von der Wand (mindestens 5 cm) die Ursache sein. Auch fehlerhafte Heizkörperverkleidungen (siehe betr. Abschnitt) sind oft Ursache mangelhafter Leistung. Geräusche in den Rohrleitungen werden besonders bei Dampfheizungen oft die Veranlassung zu Beschwerden bilden. Es ist in solchen Fällen zu untersuchen, ob Dampf- und Kondensleitungen genügend Gefälle haben, damit sich Dampf und Wasser nicht entgegenarbeiten. Die zur Entwässerung der Dampflietungen dienenden Wasserschleifen sind zu untersuchen, damit keine Verschmutzung vorliegt. Sollte durch ein Versehen bei der Montage eine Dampfleitung direkt ohne Wasserschleife oder Kondenstopf in die Kondensleitung entwässert sein, oder die Wasserschleife dem Arbeitsdruck entsprechend zu kurz sein, so können hierdurch arge Störungen entstehen. Schlecht eingestellte oder verstellte Kondenswasserableiter können ebenfalls der Grund von Geräuschen sein. Dieselben sind genau einzustellen, damit kein Dampf durchbläst. Ungenügende Ent- oder Belüftung der Kondensleitungen bei Dampfheizungen kann die Ursache schlechter Erwärmung der Heizkörper oder störender Geräusche sein. Oft bilden Wassersäcke die Ursache schlechter Entlüftung, diese sind zu beseitigen oder die Kondensleitung ist nach anderer Stelle zu entlüften. Bei Niederdruckdampfheizungen kommt es in der ersten Betriebszeit häufig vor, daß die Anlage, welche beim Probeheizen tadellos gearbeitet hat, nicht mehr funktioniert, die Heizkörper werden nicht warm, trotzdem sehr schnell Druck im Kessel entsteht, das Manometer sowie der Wasserstand zeigen starke Schwankungen und in der Dampfleitung hört man starkes Wasserrauschen. Es kommt diese Erscheinung dadurch, daß im Kessel das Wasser stark schäumt und in die Dampfleitung mitgerissen wird. Dieses Schäumen wird hervorgerufen durch Öl- und Fetteile, welche

aus Rohrleitung und Radiatoren nach und nach mit
dem Kondenswasser dem Kessel zugeführt werden.
Es ist in solchen Fällen der Kessel gründlich auszuspülen, dem Spülwasser etwas Soda zuzusetzen,
dann aber wieder mit reinem Wasser nachzuspülen
bis der Kessel vollständig rein ist. Die Anlage wird
dann wieder einwandfrei arbeiten, es kann aber in
der ersten Betriebszeit sich das Vorkommnis wiederholen, bis alles Öl aus Leitung und Heizkörpern heraus oder festgetrocknet ist. Nur jedesmaliges gründ-
liches Spülen des Kessels kann den Übelstand beseitigen.

Mannesmannröhren-
Radiatoren

MANNESMANNRÖHREN-LAGER
KÖLN
G.m.b.H. FILZENGRABEN 8/10

Selbsttätiger
Wasser-Temperatur-
Regler „LZ"

D.R.P.
D.R.G.M.
Ausland-Patente

Dampf-
wasserableiter
Zug-Regler
Wassertemperatur-
Regler
Raumtemperatur-
Regler
Mischapparate
Ent- u. Belüfter

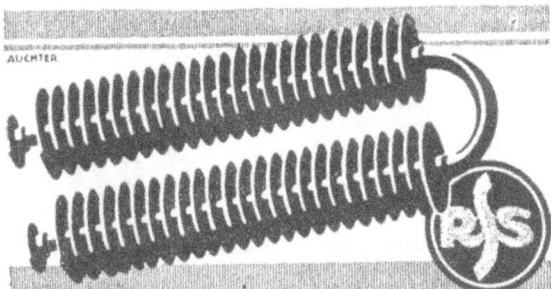

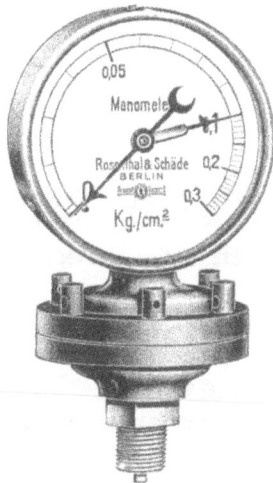

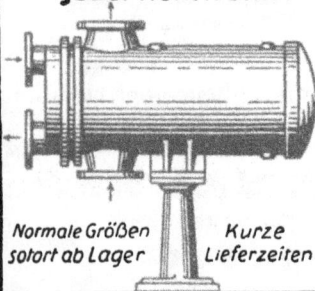

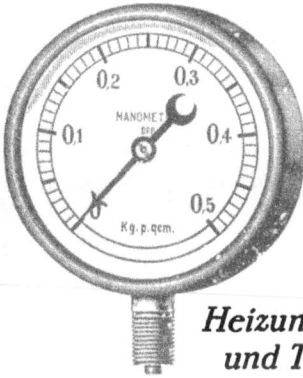

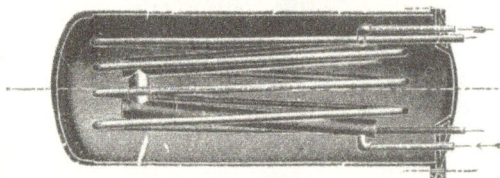

XIII

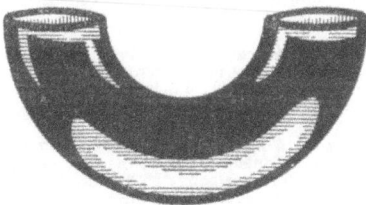

FACHLITERATUR

Die Heizungsmontage. Ein Handbuch f. die Praxis v. Dipl.-Ing. Otto Ginsberg.

   I. Teil: *Material und Werkzeuge.* 200 S., 210 Abb., 7 Taf. Kl.-8°. 1923. Geb. M. 4.—.

   II. Teil: *Montage der Anlagen.* 108 Seiten, 81 Abb. Kl.-8°. 1926. Kart. M. 3.20.

Die Warmwasserbereitungs- u. Versorgungsanlagen. Ein Hand- und Lesebuch für Ing., Architekten und Studierende. Von Gewerbe-Studienrat Wilhelm Heepke. 2. Auflage. 723 Seiten, 411 Abb. 8°. 1921. Brosch. M. 14.—; geb. M. 15.20.

Hermann Recknagels Hilfstabellen zur Berechnung v. Warmwasserheizungen. Herausgegeben von Dipl.-Ing. Otto Ginsberg. 4., vermehrte und verbesserte Auflage. 55 Tabellen in Fol. 1922. Broschiert M. 3.50.

Bestimmung der Rohrweiten von Dampfleitungen, insbesondere von Niederdruck- und Unterdruck-Dampfleitungen. Von Obering. Joh. Schmitz. 4 Seiten Text, 18 Tafeln. 4°. 1925. Broschiert M. 4.—.

Die Strömung in Röhren und die Berechnung weitverzweigter Leitungen und Kanäle. Von Dr.-Ing. Victor Blaeß. Textband: 152 S. 8°. Tafelband: 85 Tafeln. Gr.-4°. 1911. Beide Bände zusammen gebunden M. 17.—.

Tabellarische Zusammenstellung der Rohrweiten für verschiedene Zirkulationshöhen und horizontale Entfernungen bei Warmwasserheizungen mit unterer Wasserverteilung. Bearbeitet nach den Recknagelschen Hilfstabellen von Ing. Ernst Haase. 131 S., 120 Tabellen. Kl.-8°. 1911. Broschiert M. 4.—.

Die Städteheizung. Bericht über die vom Verein Deutscher Heizungs-Ingenieure E. V. einberufene Tagung vom 23. und 24. Oktober 1925 in Berlin. Im Auftrage des Arbeitsausschusses verfaßt von Magistrats-Baurat Dipl.-Ing. J. Fichtl, Priv.-Doz. Dr. A. Marx und Ing. O. Fröhlich. 216 S. Gr.-8°. 1927. Broschiert M. 8.—.

Hermann Recknagels Kalender für Gesundheits- und Wärmetechnik. Bearb. von Dipl.-Ing. Otto Ginsberg. 31. Jahrg. 1927. 340 S., 63 Abb., 137 Tafeln. In Leinenband mit Verschlußklappe M. 4.50.

R. Oldenbourg, München 32 und Berlin W 10

FACHLITERATUR

Lehrbuch der Lüftungs- und Heizungstechnik. Mit Einschluß der wichtigsten Untersuchungsverfahren. Von Dipl.-Ing. Dr. L. Dietz. 2., umgearbeitete und vermehrte Auflage. 710 Seiten, 337 Abb., 12 Tafeln. 8°. 1920. Brosch. M. 14.—; geb. M. 15.20.

Bericht über den XI. Kongreß für Heizung und Lüftung. 17. bis 20. Sept. 1914 in Berlin. 420 Seit., 204 Abb., 2 Tafeln. 8°. 1925. Brosch. M. 10.— (Ein Teil der früheren Berichte ist auch noch lieferbar.)

Wirtschaftlichkeit der Zentralheizung. Von Baurat Dipl.-Ing. G. de Grahl. 198 S., 96 Abb. Gr.-8°. 1911. Geb. M. 6.—.

Über die Rentabilität von Zentralheizungen. Von Hans Tilly. 32 S., 6 Diagr., 4 Tafeln. Gr.-8°. 1910. Broschiert M. 1.20.

Wärmetechnische Berechnung der Feuerungs- u. Dampfkesselanlagen. Taschenbuch mit den wichtigsten Grundlagen, Formeln, Erfahrungswerten und Erläuterungen für Bureau, Betrieb und Studium. Von Ing. Friedrich Nuber. 2. Aufl. 73 S. Kl.-8°. 1923. Kart. M. 1.80.

Feuerungstechnische Rechentafel. Von Dipl.-Ing. Rud. Michel. 4. Aufl. 1 Tafel mit 8 Seiten Erläuterung. 4°. 1925. M. 2.50.

Beihefte zum Gesundheits-Ingenieur. Reihe I: Arbeiten aus dem Heizungs- und Lüftungsfach. Herausg. von Prof. Dr. med. R. Abel, Geh. Reg.-Rat v. Böhmer, Direktor G. Dietrich u. Prof. Dr.-Ing. A. Heilmann.

Heft 1: Reibungs- und Einzelwiderstände in Warmwasserheizungen. 52 Seit., 104 Abb., 20 Tafeln. 1913. Geb. M. 8.—.

Heft 8: Versuche mit Sicherheitsvorrichtungen für Warmwasserkessel. 19 S. 1915. Brosch. M. 2.20.

Heft 14: Frenckel: Über Druckverhältnisse in Niederdruckdampfheizungen. — Brabbée: Verfahren zur Untersuchung von Kachelöfen. 49 S., 27 Abb., 19 Zahlentafeln. 1921. Brosch. M. 4.—.

Heft 15: Wierz: Die praktischen und wirtschaftlichen Grundlagen der Wärmeverlust-Berechnung in der Heizungstechnik. 26 S. 1922. Brosch. M. 1.50.

Heft 18: Brabbée: Beitrag zur Frage der Heizwirkung von Radiatoren. Zwei Gutachten betr. die Untersuchung v. Vollkachelöfen. 22 S. 17 Abb. 1922. Brosch. M. 1.50.

Heft 20: Schmidt: Wärmestrahlung technischer Oberflächen bei gewöhnlicher Temperatur. 23 S. 1927. Brosch. M. 3.60.

R. Oldenbourg, München 32 und Berlin W 10

Den Staatl. Verein. Maschinenbauschulen zu Köln
sind angegliedert:

I. Eine staatliche Fachschule
für Installations- und Betriebstechnik

Abteilung A für elektrische Anlagen (Elektrotechnische Lehr-anstalt)

Abteilung B für Gas- und Wasser-Installation, Heizung und Lüftung

Unterrichtsdauer in jeder Abteilung 4 Semester
Aufnahme Mitte September jeden Jahres

II. Installateurkurse
für

1. **Gas- u. Wasser-Installateure**, Beginn 1. April jeden Jahres
2. **Elektro-Installateure**, Beginn 1. April jeden Jahres
Dauer der Kurse 16 Wochen

III. Gasmeisterkurse
Beginn 1. März jeden Jahres · Dauer 12 Wochen

Programme der verschied. Anstalten versendet die Geschäftsstelle
Weitere Auskunft erteilt: Oberstudiendirektor Prof. *Grunewald*

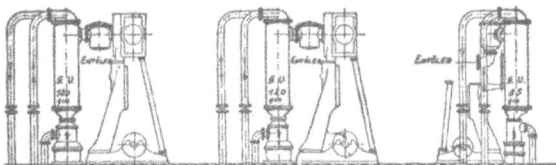